DVD 内容と使い方

付属のDVDには音声付きの動画が収録されています。この本で紹介されたご本人が登場し、つくり方、使い方などについてわかりやすく実演・解説していますので、ぜひともご覧ください。

JN277317

DVDの内容 全76分

パート1

日本ミツバチを飼ってみよう

長野県 岩波金太郎さん

53分

[関連記事 12ページ]

①野生群を捕まえよう 12分

②逃がさず飼える巣箱の工夫 15分

③群れを殖やそう 11分

④蜜を搾ろう 12分

パート2

ラクラク

蜜ロウクリームづくり

長野県 岩波恵理子さん

11分

[関連記事 58ページ]

パート3

イチゴのハウスで

交配バチを長生きさせる管理法

茨城県 大越望さん

13分

[関連記事 44ページ]

DVDの再生 付属のDVDをプレーヤーにセットするとメニュー画面が表示されます。

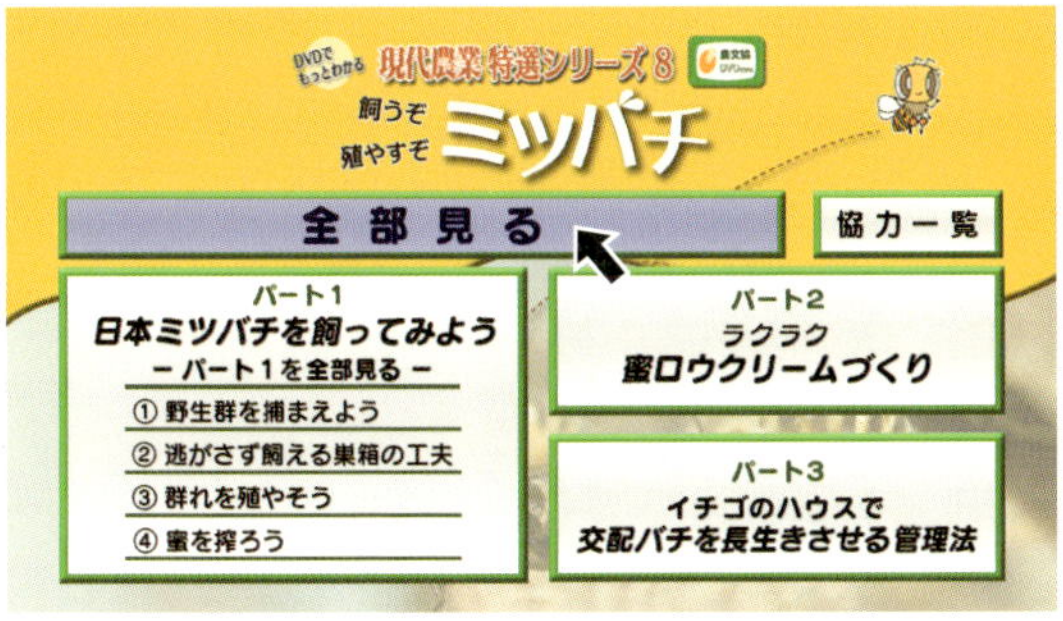

「全部見る」を選択。ボタンが青色に

全部見る

「全部見る」を選ぶと、DVDに収録された動画（パート1～3 全76分）が最初から最後まで連続して再生されます。

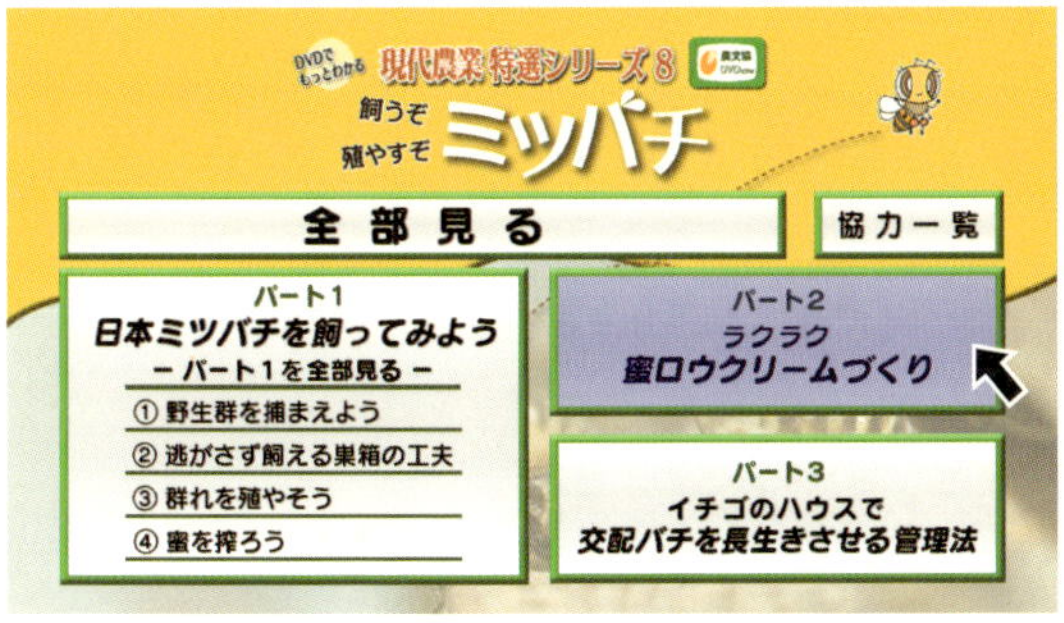

「パート2」を選択した場合

パートを選択して再生

パート1から3のボタンのいずれかを選ぶと、そのパートのみが再生されます。

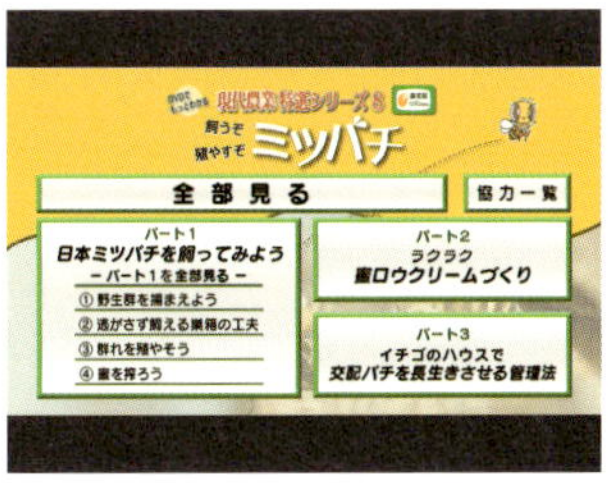

4：3の画面の場合

※このDVDの映像はワイド画面（16：9の横長）で収録されています。ワイド画面ではないテレビ（4：3のブラウン管など）で再生する場合は、画面の上下が黒帯になります（レターボックス＝LB）。自動的にLBにならない場合は、プレーヤーかテレビの画面切り替え操作を行なってください（詳細は機器の取扱説明書を参照ください）。

※パソコンで自動的にワイド画面にならない場合は、再生ソフトの「アスペクト比」で「16：9」を選択するなどの操作で切り替えができます（詳細はソフトのヘルプ等を参照ください）。

このDVDに関する問い合わせ窓口 **農文協DVD係：03-3585-1146**

目次

ミツバチを飼う

畑で働く交配バチ

ハチのパワーで健康・美容

DVDでもっとわかる　現代農業 特選シリーズ 8

飼うぞ　殖やすぞ　ミツバチ

日本ミツバチと暮らし始めた 福島県の小さなむら

福島県伊達市・小坂日本ミツバチ愛好会

ここは福島県旧霊山《りょうぜん》町（伊達市）小坂集落。車で通り抜けるのに一分とかからない小さな集落に、二四戸の農家と二〇箱の日本ミツバチが暮らしている。道路脇に点々と置かれた巣箱を管理するのは、集落の母ちゃん八人衆だ。メンバーが集まればいつだってミツバチ談議に花が咲く。

「五月の半ばごろだったかな。騒がしい音がするから何だろうと思って見たら、庭の木にハチがわんわん集まってるのよ。もぅ嬉しくって梅の木に隠れてずーっと見てたわよ」

「ハチ飼う前はわかんなくて、キンチョールでダーっとやっつけたこともあったけどね」

「もったいなかったねぇ（大笑）」

うちのむらは、日本ミツバチの一等地だった

母ちゃんたちが日本ミツバチを飼い始めたのは二〇一二年。その二年前に、「日本ミツバチを飼いたい」と山下良仁、壽子さん夫妻が集落に越してきたのがきっかけだ。それまで日本ミツバチなんて聞いたこともなかったし、高齢化、空き家、イノシシと三拍子そろった過疎のむらに越して来るなんて、変わった人がいるもんだと最初は思っていた。

山下さんによれば、福島県北はミツバチのエサになる蜜や花粉をつける果樹が豊富にある。とくに小坂集落は谷が大きいから日がよく入り、棲みかになる広葉樹も多い。まさに日本ミツバチにとっては一等地なんだそうだ。

しかし、翌年三月、東日本大震災が発生。直後に起きた原発事故の影響で、霊山地区でも米や野菜の作付けが制限された。この先ここで農業を続けていけるのか……みんなが途方に暮れていたとき、山下さんから地区の婦人部に「ミツバチを飼ってハチミツを売ってみてはどうか」と提案があった。「日本ミツバチは危険を察知する能力が高い。でもどの巣箱も元気だからここは大丈夫。たぶん放射線量の高いところには行かないだろうから、蜜の線量だって低いはずですよ」。事実、日本ミツバチの巣箱にガイガーカウンターをかざすと、なぜか周りよりも線量が低かった。

小坂日本ミツバチ愛好会の母ちゃんたち。上の左から2番目が齋藤わか子さん、その手前に座るのが齋藤霊子さん

日本ミツバチが変わらず快適に暮らしているのを見て、ちょっと安心した母ちゃんたち。「ずっと家にいるよりはいいよね」と有志八人が手を挙げた。

ついに搾った百花蜜

翌春は、米や野菜の作付けが再開できた。同時に、山下さんから借りた二〇ほどの巣箱を八人で分担。週に一度の巣箱掃除を始めた。「最初はハチに刺されないか怖かったけど、そばで見てると黄色だ白だっていろんな色の花粉を足につけて帰ってくるのよ。もうかわいくなっちゃって」とメンバーの齋藤霊子さん。

秋はいよいよ採蜜。日本ミツバチが一年かけて集めたいろんな花の蜜が混じる「百花蜜」だ。「あんなに小さな巣箱からこんなにでるのかー！」と齋藤わか子さんもビックリ。ひと箱から一二ℓ採れたものもあった。一年頑張った自分へのご褒美に、まずは味見。おいしい！

ハチミツを放射性物質検査にかけると、すべて「検出せず」。やった！　すぐに商品化に向け走り出した。ビン詰めにしたハチミツは地元の直売所や旅館の売店で飛ぶように売れ、半年もたたないうちに完売。一群の稼ぎは二〇万円にもなった。ハチミツで稼いだお金で、父ちゃんたちも誘っての温泉旅行まで実現。一泊二日のハニームーンだ。来年は分蜂群の捕獲もやってみよう、箱数を増やしてもっと儲けるぞ、大いに盛り上がった。

分蜂群も捕まえた！

迎えた二〇一三年、春。今度は父ちゃんたちも本気になった。五月、春に新しい棲みかを求めて飛び立つ分蜂群を捕まえるため、通り道になりそうなところに空の巣箱を設置。ミツバチたちが気に入って入居してくれるのを待つ。

父ちゃんたちは「あの斜面がいいんじゃないか」「こっちの木の陰がよさそうだ」と競うように集落のあちこちに巣箱を置き、熱心に見回ってはミツバチが入るのを心待ちにした。この年は、初めてにもかかわらず合わせて三群の捕獲に成功。

不安がなくなったわけじゃないけれど、日本ミツバチのおかげでみんなが集まるといつでも笑いが絶えない。ミツバチとの暮らしは忙しく楽しいのだ。 編

山下良仁さん（手前）から採蜜の仕方を教えてもらった

みんなが愛用する「山ちゃん巣箱」。初心者でも管理しやすいようにと山下良仁さんが縦型巣箱を改良した（28ページで詳しく紹介）

蜜ブタを剥ぐと琥珀色の蜜が溢れる。搾ったハチミツは3150円（200g）で販売

ミツバチってどんな虫？

まとめ編集部

ミツバチはね。花の蜜や花粉を集めて暮らしてるの。
花から花へ飛び回るから、植物の受粉も助けてるのよ。
人間はそこに目をつけて、私たちを作物の交配に使ったり、
せっかく集めた蜜をちゃっかり採ったりするのよね。
まっ、気持ちよく飼ってくれるなら、
お互い様だけどね

西洋ミツバチ

祖先はアフリカの草原（サバンナ）生まれ。蜜をたくさん集められるように長年にわたって品種改良されてきた。

日本では明治時代初期に飼育が始まった。プロの養蜂家が飼っているのはほとんど西洋ミツバチ。寒さは苦手で、外で活動するのは気温約15度以上。

フソ病、チョーク病、ダニなど病害虫に弱く、クスリを使わないと飼育するのは難しいといわれる。スズメバチを撃退する技も持たないので、秋はスズメバチ対策をしないと全滅の危険が高い

イチゴやメロン、果樹の交配にも活躍。養蜂場から群を買ったりレンタルもできる

桜
レンゲ
アカシア
みかん

蜜源ごとに採蜜するので、花の種類ごとに風味の違うハチミツが採れる

まっすぐ長い距離（2～3km）を飛んで、1カ所の蜜源から一気に蜜を集めるのが得意

日本ミツバチ

アジア地域に棲んでいるトウヨウミツバチの一種で、北海道以外の日本全国で野生群が暮らしている。春に分蜂群を捕まえて古い木箱などで飼い、秋に巣を壊して採蜜する飼育法が伝統的。逃去しやすいのが欠点だが、飼い方しだいか。
寒さに強く、気温が約７度以上で外で活動できる。西洋ミツバチよりおとなしくて病害虫に強いので飼いやすいと、愛好家も多い

狭いところもジグザグにすばしこく飛びまわる。花から花への移動も速いので、交配能力も高い

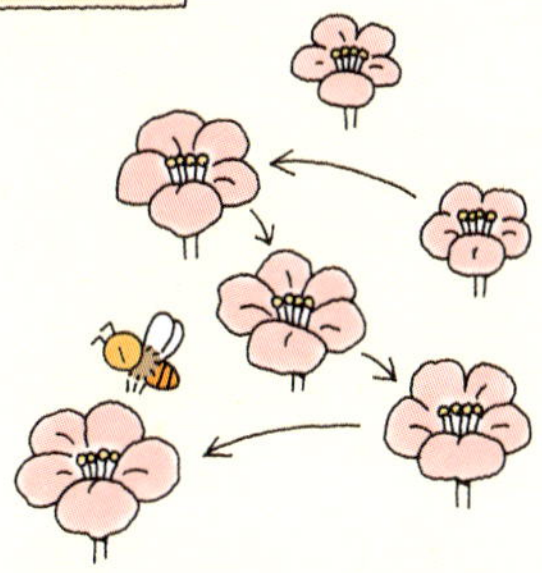

貯蜜量は少なく、西洋ミツバチの1/4～1/3。採蜜は普通年に1回なので、いろいろな花の蜜が混ざった「百花蜜」になる。濃厚で後味さっぱり

病気にほとんどかからず、ダニにも強い。体に付いたダニを互いに取り合う。昔からスズメバチと共存してきたので、スズメバチを集団でやっつける技も持つ

写真でみる西洋ミツバチと日本ミツバチ

西洋ミツバチ

全体的に黄色っぽい
(大西暢夫撮影)

日本ミツバチ（春～秋）

西洋ミツバチと比べると、お腹や毛が少し暗い色

日本ミツバチ（冬）

寒い時期は体がさらに黒くなり、太陽光をよく吸収できる。おかげで寒さに強い

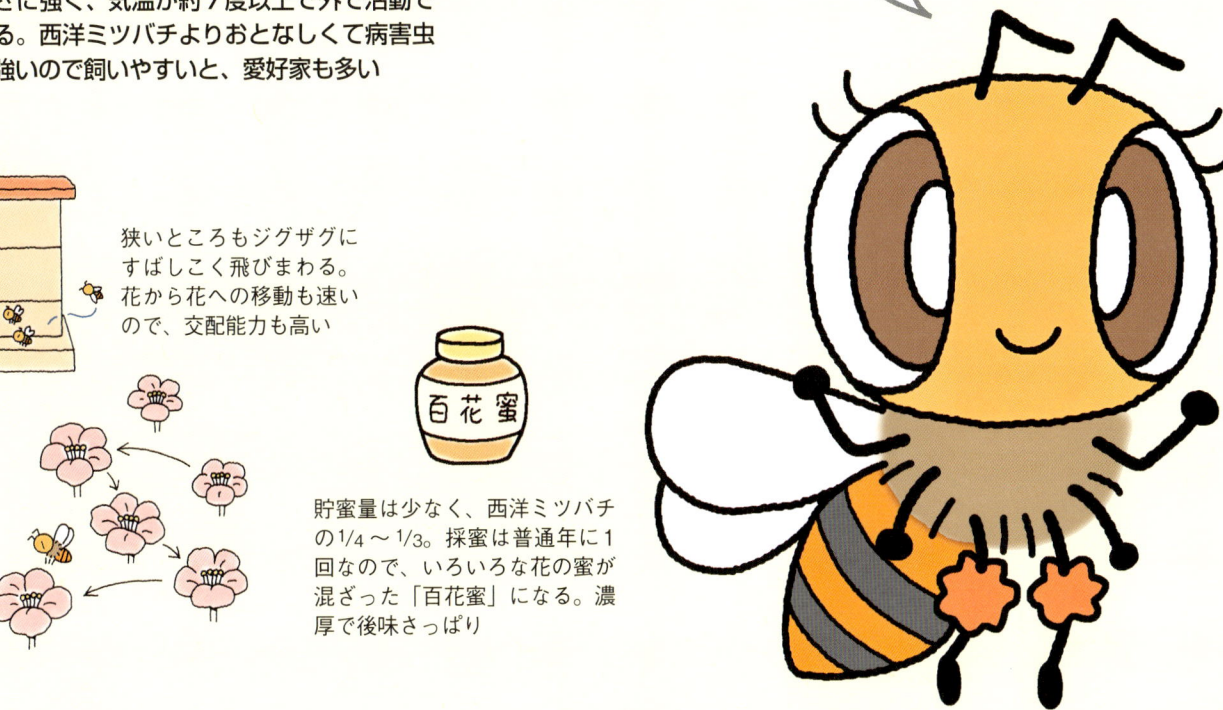

ミツバチの家族

ミツバチ社会の主役は私、働きバチよ。
言っとくけど全員メス。だから働き者なの。
女王バチの産卵から21日くらいで羽化して、
体の発達に合わせていろいろな仕事をこなしていくわ。
寿命は、夏で約1カ月、冬で5～6カ月。
短いでしょ
働きバチ

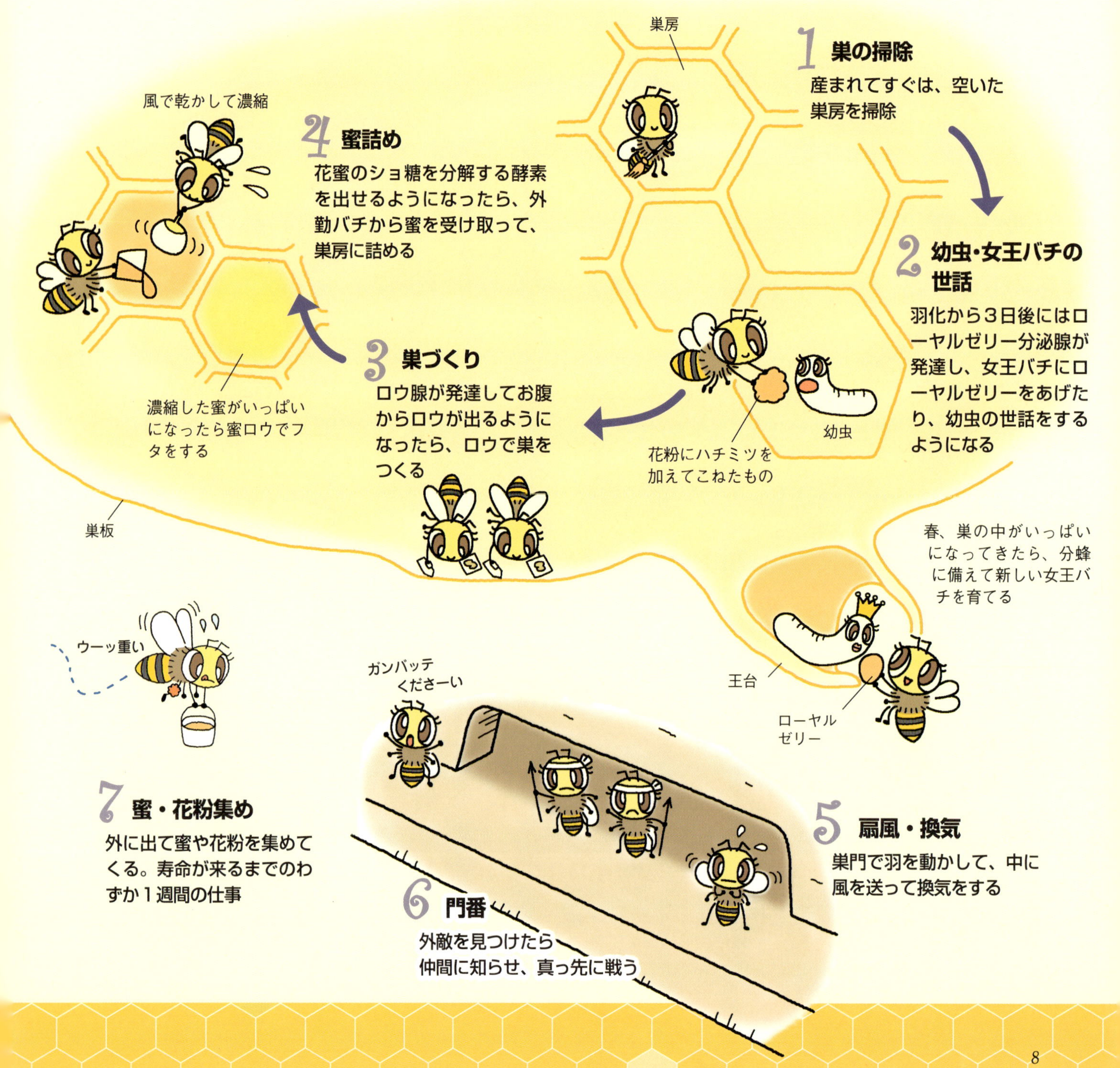

巣房
風で乾かして濃縮
濃縮した蜜がいっぱいになったら蜜ロウでフタをする
幼虫
花粉にハチミツを加えてこねたもの
巣板
春、巣の中がいっぱいになってきたら、分蜂に備えて新しい女王バチを育てる
王台
ローヤルゼリー
ウーッ重い
ガンバッテくださーい

1 巣の掃除
産まれてすぐは、空いた巣房を掃除

2 幼虫・女王バチの世話
羽化から3日後にはローヤルゼリー分泌腺が発達し、女王バチにローヤルゼリーをあげたり、幼虫の世話をするようになる

3 巣づくり
ロウ腺が発達してお腹からロウが出るようになったら、ロウで巣をつくる

4 蜜詰め
花蜜のショ糖を分解する酵素を出せるようになったら、外勤バチから蜜を受け取って、巣房に詰める

5 扇風・換気
巣門で羽を動かして、中に風を送って換気をする

6 門番
外敵を見つけたら仲間に知らせ、真っ先に戦う

7 蜜・花粉集め
外に出て蜜や花粉を集めてくる。寿命が来るまでのわずか1週間の仕事

働きバチの体の不思議

下咽頭腺
若いハチはローヤルゼリーに加えるタンパク質を分泌。成長すると、花蜜のショ糖を分解する酵素を出す
一度刺すと、毒針が体から引きちぎられて死んでしまう
ロウ腺
蜜ロウの分泌腺

（赤松富仁撮影）

◆ローヤルゼリーについて、詳しくは56ページ参照

女王バチ

中央が女王バチ。働きバチより腹部が大きい
（大西暢夫撮影）

1つの巣の中には2万匹以上のミツバチがいるが、女王バチは1匹だけ。寿命は3～5年。交尾後は、毎日1000～2000個もの卵を産み続ける。大アゴ腺から出す女王フェロモンは働きバチを集めたり、交尾飛行のときにオスバチを引き寄せたり、働きバチの卵巣の発育を抑える作用がある

オスバチ

無精卵がオスバチになる。全体の約1割。仕事は他の群の女王バチと交尾することだけ。交尾が終わると死ぬ（写真は日本ミツバチのオス）

ミツバチの1年

ここでは、皆さんの周りにいる
日本ミツバチの暮らしを紹介するわね

春

産卵再開（2～3月）

春に備えて女王バチが産卵を再開。ナタネや桜の花が咲いてエサが豊富になると、冬の間に減った群が急速に殖えていく

分蜂（4～6月）

1 暖かくなって子育てが進み、巣の中がミツバチでいっぱいになってくると分蜂で群を分ける。まず働きバチは王台をいくつかつくって新女王を育てる

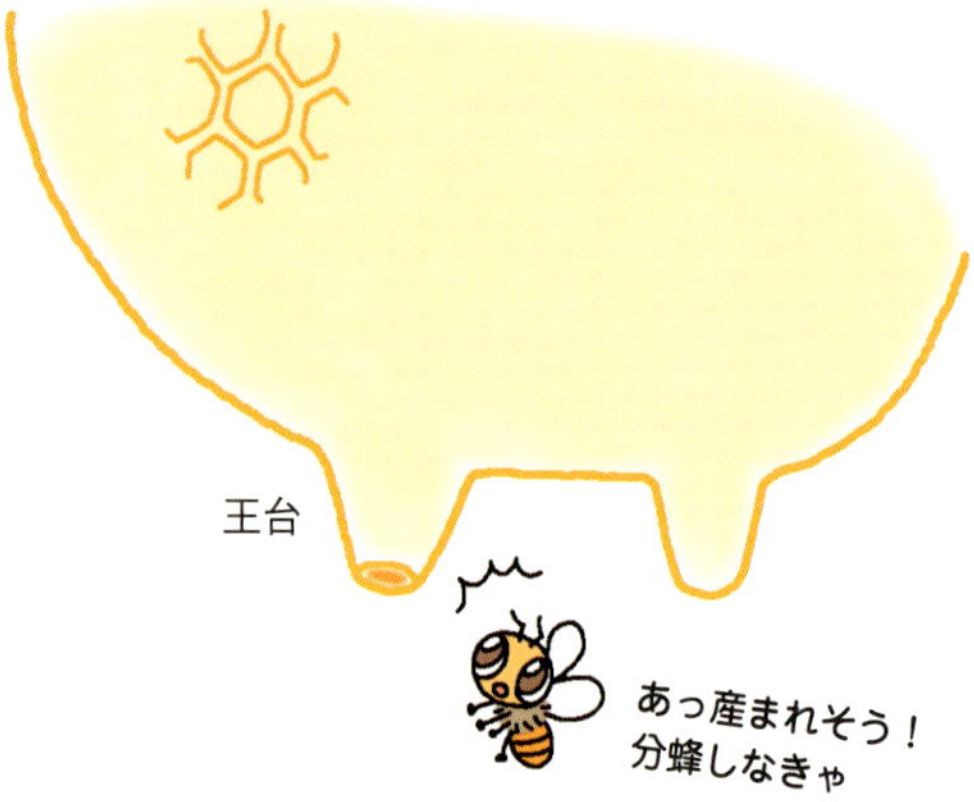
王台
あっ産まれそう！
分蜂しなきゃ

2 王台のフタの色が薄茶色に変わったら、そこから4～5日で娘女王が羽化。その間に群の半分が母女王と一緒に新天地に旅立っていく

3 分蜂群は、巣のそばの木の太枝などに仮止まりして蜂球をつくる。しばらくすると新居が決まり、移動

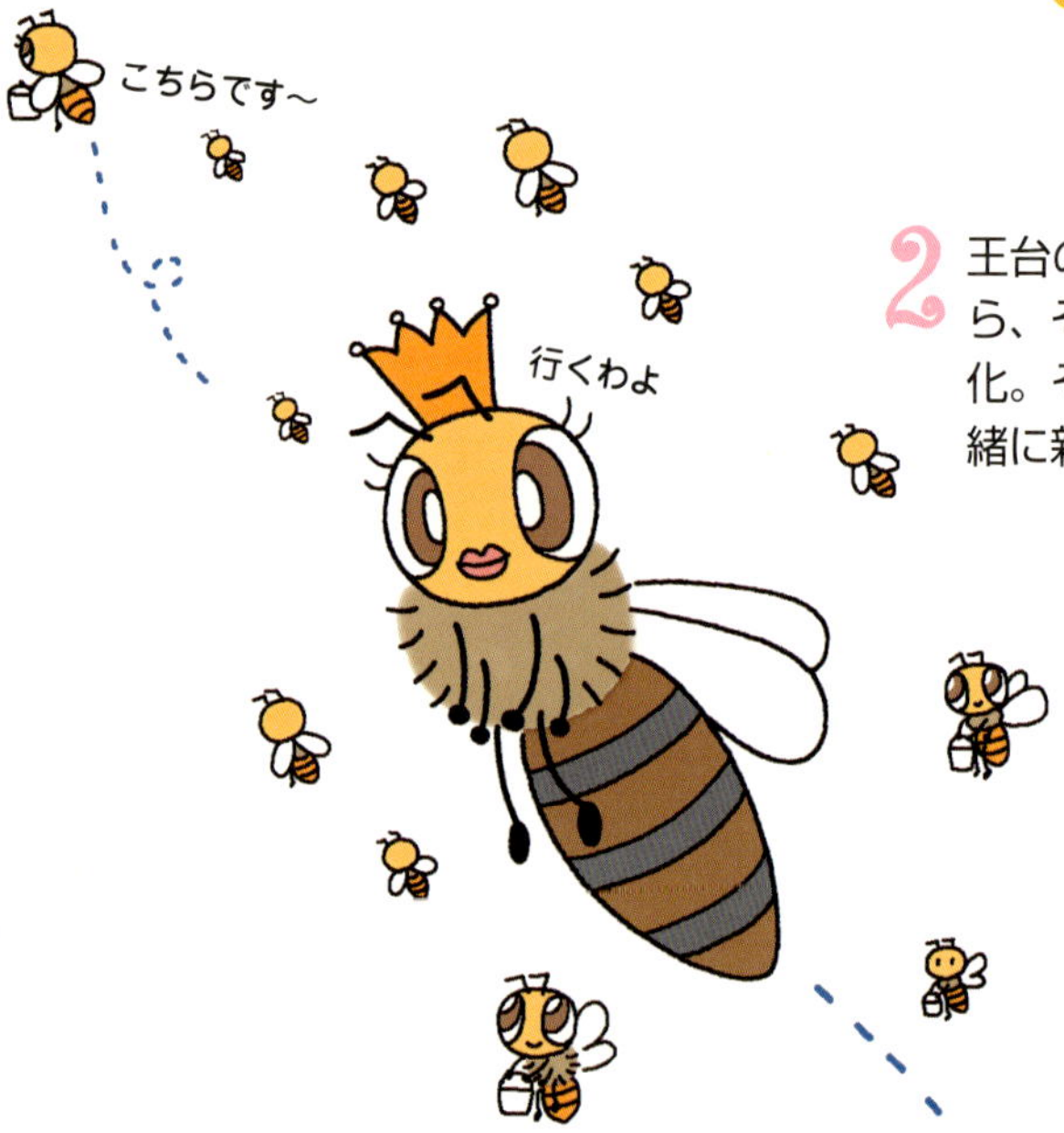
こちらです～
行くわよ

蜂球を網などで捕まえて巣箱に移すこともできる

空の巣箱をミツバチの好みそうなところに置いておくと分蜂群が入ることがある（12ページ）

私は今までの
女王様と
いっしょに行くわ
ハチミツ

4 母女王の分蜂から数週間後、娘女王（長女）も分蜂。さらに次女、三女……と、一群から年に何回か分蜂する

娘女王

参考にした本：『新特産シリーズ　ミツバチ』（角田公次著）、『同　日本ミツバチ』（日本在来種みつばちの会編）、絵本『昆虫と人間』第3巻（松香光夫著）、『ミツバチの絵本』（吉田忠晴編）、『だれでも飼える日本ミツバチ』（藤原誠太著）ほか

冬

蜂球をつくって越冬

ミツバチは他の昆虫と違って冬眠しない。冬になると蜂球をつくって温め合う。寒さで固まったハチミツを蜂球の熱で溶かして食べる

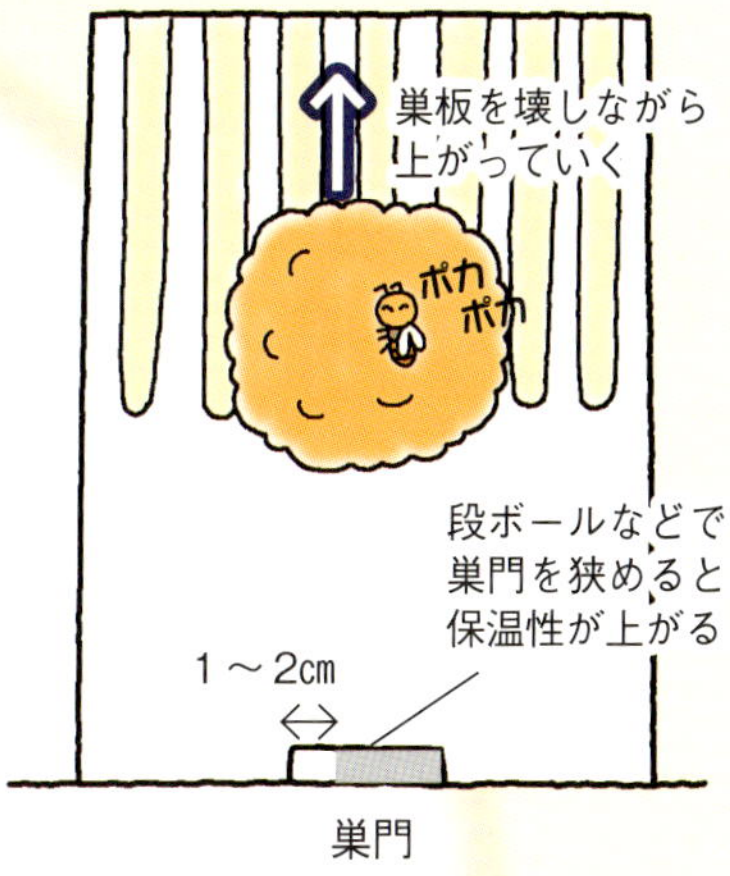

秋

冬越し準備

女王バチは産卵を止めて、働きバチは冬越しのために蜜をたっぷり蓄える。同じく越冬を控えたスズメバチや西洋ミツバチとの戦いも激しくなる

秋になると、冬の食いぶちを減らすためオスバチを追い出す

1年でいちばん蜜が貯まる秋に採蜜をする人が多い

スズメバチ

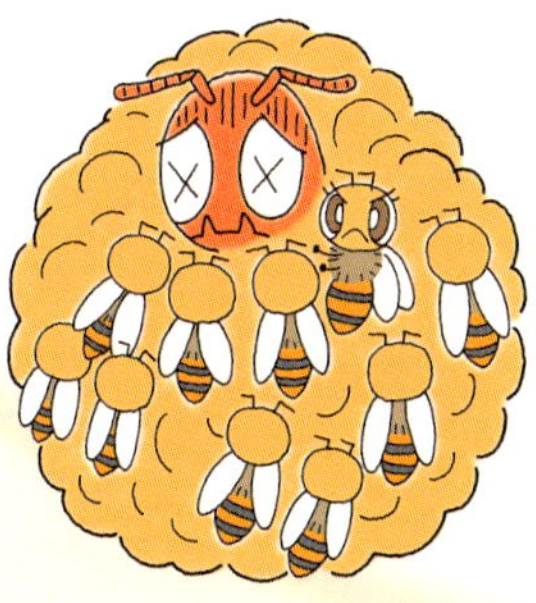

9～10月になるとスズメバチも子育てが活発になり、幼虫のエサになるミツバチを狙ってくる。まず偵察バチが来て、その後集団で襲撃

（対策は40ページ）

だが日本ミツバチは、オオスズメバチを多数で取り囲んで熱死させる技をもつ

スムシ

巣板を食い荒らす日本ミツバチの天敵。夏に活発に殖える

（対策は39ページ）

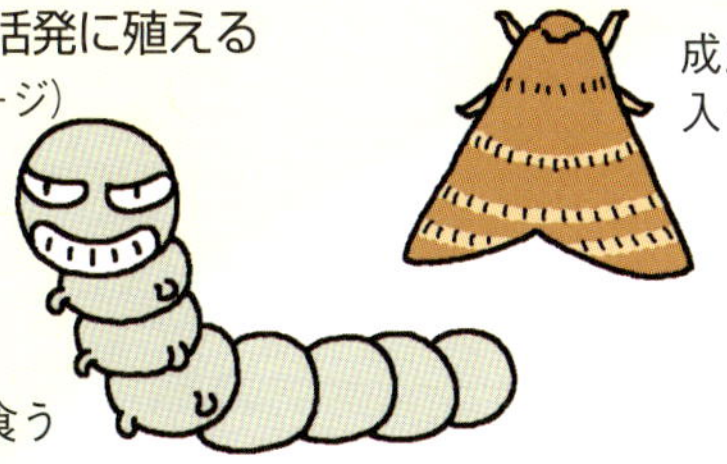
成虫が巣門から入って巣板に産卵
幼虫が巣板を食う

初夏～夏

蜜・花粉集め

たくさんのハチで冬を越せるように、蜜や花粉をいっぱい集めて子育てし、群を大きくする。でも、暑すぎたりスムシが手に負えなくなると、もっといい環境を求めて引っ越すことも

巣枠式巣箱だと、夏でもこまめに採蜜できる。花ごとのハチミツの味を楽しめる

岩波金太郎さん。自営業のかたわら日本ミツバチを飼っている。ここは人に教えたくない「百発百中」の捕獲場所。写真のように広葉樹の山中にある大きな岩で、下がえぐれてヒサシのようになってる場所は最高

DVDでもっとわかる

本当は教えたくない

日本ミツバチの野生群を捕まえるコツ

長野県諏訪市・岩波金太郎さん

日本ミツバチは、西洋ミツバチのように販売されているわけではないので、飼うときは野生の日本ミツバチの群を捕まえないといけない。でも、やみくもに箱を置くだけではなかなか入ってくれない。

養蜂歴一五年の岩波金太郎さんも、最初は空振りの連続。でも「初めて入ってくれたときのうれしさは何にも代えられなかった」という。苦労の末つかんだコツを教わった。

時期 サクラが散る頃

春、暖かくなって巣の中のハチがどっと殖えると、新しい棲みかを探して群の半分が集団で出ていく（分蜂）。この分蜂群を「待ち箱」（分蜂群が入りやすい巣箱、二一ページ参照）に誘い込む。

こんなところがミツバチは好き！

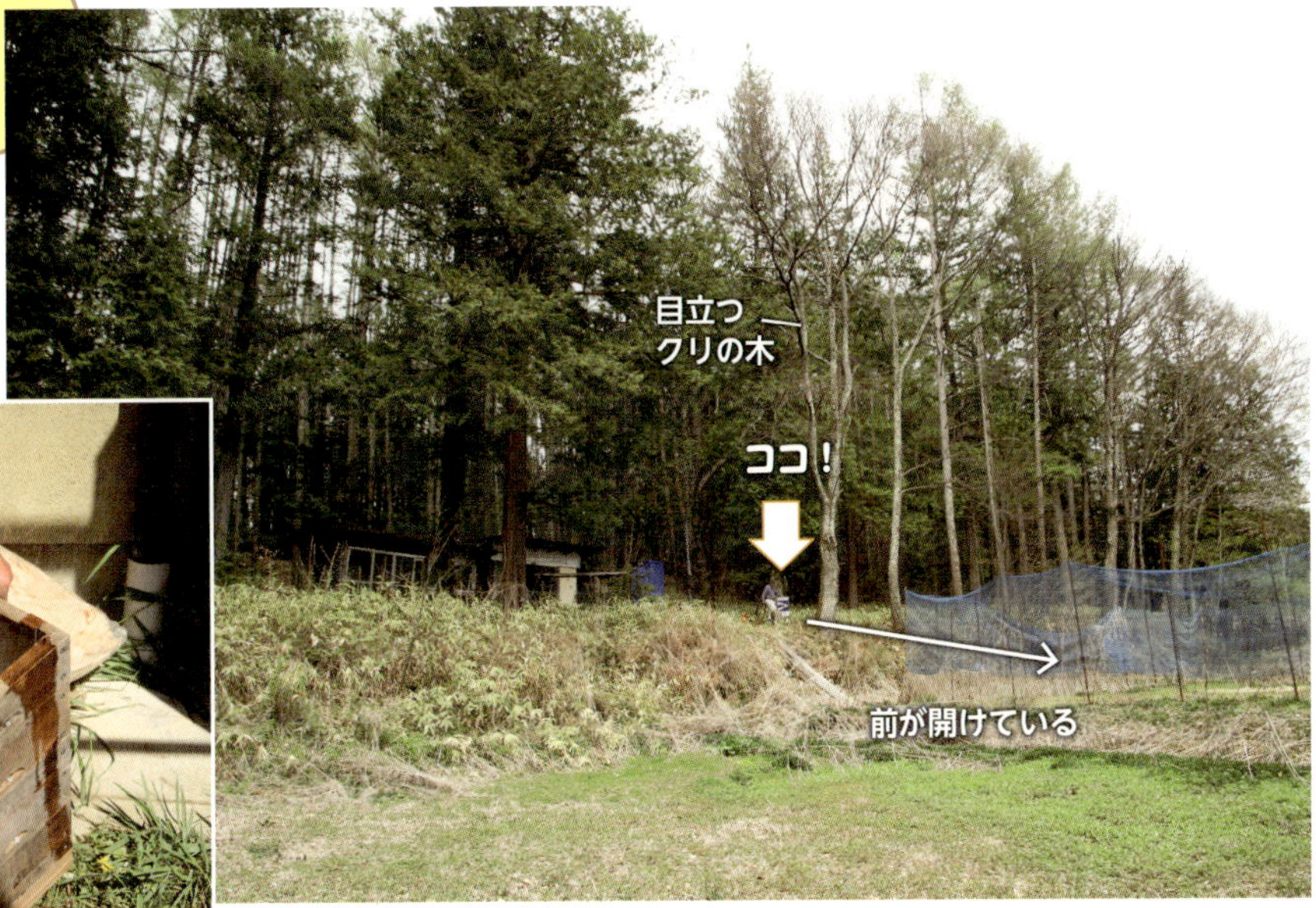

広葉樹の林と畑の境目で、前方（東南側）の視界が開けている。ミツバチの目に留まりやすい大きなクリの木の下に待ち箱を設置。巣門（ミツバチの出入り口）は畑のほうに向ける

巣箱のニオイづけは巣クズがいい

ミツバチのニオイや集合フェロモンがしみ込んだ巣クズはミツバチの誘引効果が高い。20ℓの熱湯にひとにぎりの巣クズを溶かし、棒の先にタオルを巻いた道具で巣箱の内側外側にたっぷり塗る。精製した蜜ロウだと効果は半減

「日本ミツバチの分蜂は、その地域のサクラの満開から約二週間後に始まる」と金太郎さんはみている。冬の間に減ったミツバチが、サクラの蜜や花粉をエサに子育てして増殖し、巣の中が混み合ってくると分蜂を始める。その時期がサクラの満開二週間後で、そこから約一カ月間が捕獲のチャンス。

金太郎さんは、サクラが散り始めるころから待ち箱を設置しておく。

場所　山林のきわで目印があるところ

待ち箱は、蜜源豊かな地域で、新しい棲みかを探す偵察バチの目に留まりやすく、ミツバチの居心地がいいところに置くのがコツ。植物の種類が豊富で蜜源植物も多い広葉樹の山林は、野生群がたくさんいる可能性があるのでとくにねらい目だ。

ミツバチが住みたいなあ、と思う場所の条件は次のとおり。

・東～南側に開けた林のきわ

「ミツバチは軽飛行機みたいなもんで、離発着のとき（巣に出入りするとき）はまっすぐ前に飛びます。だから巣の前方が開けている場所がいいんです」。たとえば林と田畑の境目で、東～南側に開けた明るい場所を好むという。

・目立つ木や岩の下

ミツバチは視覚が発達している。大きな木や岩など、目立つものを目印にして移動することが多い。こうした目印の下に待ち箱を置いておくと、偵察バチの目に留まりやすい。

また、ミツバチは一年を通して巣箱の中を一定の温度に保とうとする。大きな岩の下は夏はひんやりしていて、冬は太陽熱を蓄えて暖かく、ミツバチが大好きな場所だ。お墓の中によく営巣するのもそのため。

・適度な日当たりがある

たとえば広葉樹の根元なら、真冬は日当たりがよくて暖かく、夏は日陰になって涼しい。

・強風が吹かない場所

風が強いとまっすぐ飛べなくて巣箱の離発着がしにくい。しかも冬は寒いからイヤ。

待ち箱　ミツバチのニオイをつける

何回も営巣してミツバチのニオイがついた古い巣箱ほど、ミツバチがなじみやすく捕獲率が上がる。新しい巣箱を待ち箱に使うときは、数カ月雨ざらしにして木のニオイを落とした後、巣クズを溶かした湯を塗る。編

分蜂群を呼び寄せる花

キンリョウヘン

広島・田原正記

キンリョウヘン

カキを栽培しています。キンリョウヘンが日本ミツバチを誘うことを知り、受粉に利用しようと入手して以来、分蜂群の捕獲に熱中しています。キンリョウヘンが日本ミツバチを誘う不思議は、素人百姓に楽しさ・おもしろさと元気を与えてくれます。

私の場合、採蜜よりも、群の捕獲が愉快です。巣箱は、ほとんどが手作りで重箱型です。四月後半から五月初めにかけて開花するキンリョウヘンを巣箱の出入り口近くに一~二鉢置いておくと、風のない穏やかな日にミツバチが来ます。

日が昇り暖かくなると、最初の一匹が花の香りに誘われて飛来。しばらくすると五匹、一〇匹と次第に多くなり、巣箱に出入りして点検を始めます。そうなれば、たいていは昼前後に大きな羽音とともに黒くなるほどの大群が飛来します。

花に握りこぶし大にまとわりつくハチもいますが、一〇分もすると群はすっかり巣箱に納まり、静かになります。

観察していると、ミツバチは花に入るより、花茎や花弁の付け根の辺りを舐めているようです。そのあたりからミツバチを誘う匂いが出ているのかもしれません。

（広島市）

＊二〇〇九年七月号「日本ミツバチを簡単にとらえられる花 キンリョウヘン」

花がミツバチによって受粉されると誘引物質が出なくなるので、ネットに入れて設置する（井上美津男さんの巣箱）

根は通気性が命

私はラン苗の生産販売と、世界の原種ランの研究をしています。自然界のキンリョウヘンは、ミツバチに花粉を媒介してもらえるよう、ミツバチのフェロモンに似た香りを長い時間をかけて作り出したと考えられます。

キンリョウヘンなどの原種ランは、木や岩の表面に根を張るシンビジウム属の着生ランです。ふつうの草花とは違う管理が必要です。

①小さい鉢に植える

キンリョウヘンの根は、常に空気に触れてなければ死んでしまいます。植え込み材（コンポスト）は崩れにくく水はけのよい大粒バークや軽石がお勧めです。根がちょうどおさまるくらいの小さい鉢を用意し、コンポストを詰め込みすぎず、少しす

キンリョウヘンの育て方

高知●明石よしか

き間もできるように植え込みます。

②水やりは控えめに

着生ランの根は外側にスポンジ状の保水質があり、一度水やりすれば一〇日間は枯れません。逆に鉢内に余分な水が残ると、根が窒息し腐ってしまうことがあります。通常は根が乾かない程度に、数日に一度水やりします。

新芽の生長期～開花期は水をよく吸収するので、毎日水やりします。この頃、山の中に待ち箱とキンリョウヘンを設置する場合は、鉢の表面に濡らした新聞紙を敷きつめて保水性を高め、見回りのたびに水やりします。

誘引の役目が終わったら、早く花茎を切り除き、次の年に備えます。

③芽かきで　ひとつの芽を充実させる

春に出た新芽（葉芽）が太く充実しないと秋に花芽が付きません。葉芽は次々と出るので、放っておくと一本一本が細くなってしまいます。元気な新芽を一鉢に一～二芽だけ残し、他の葉芽はすべて取り除きます。

誘引ランの1年の管理（各作業の時期は目安）

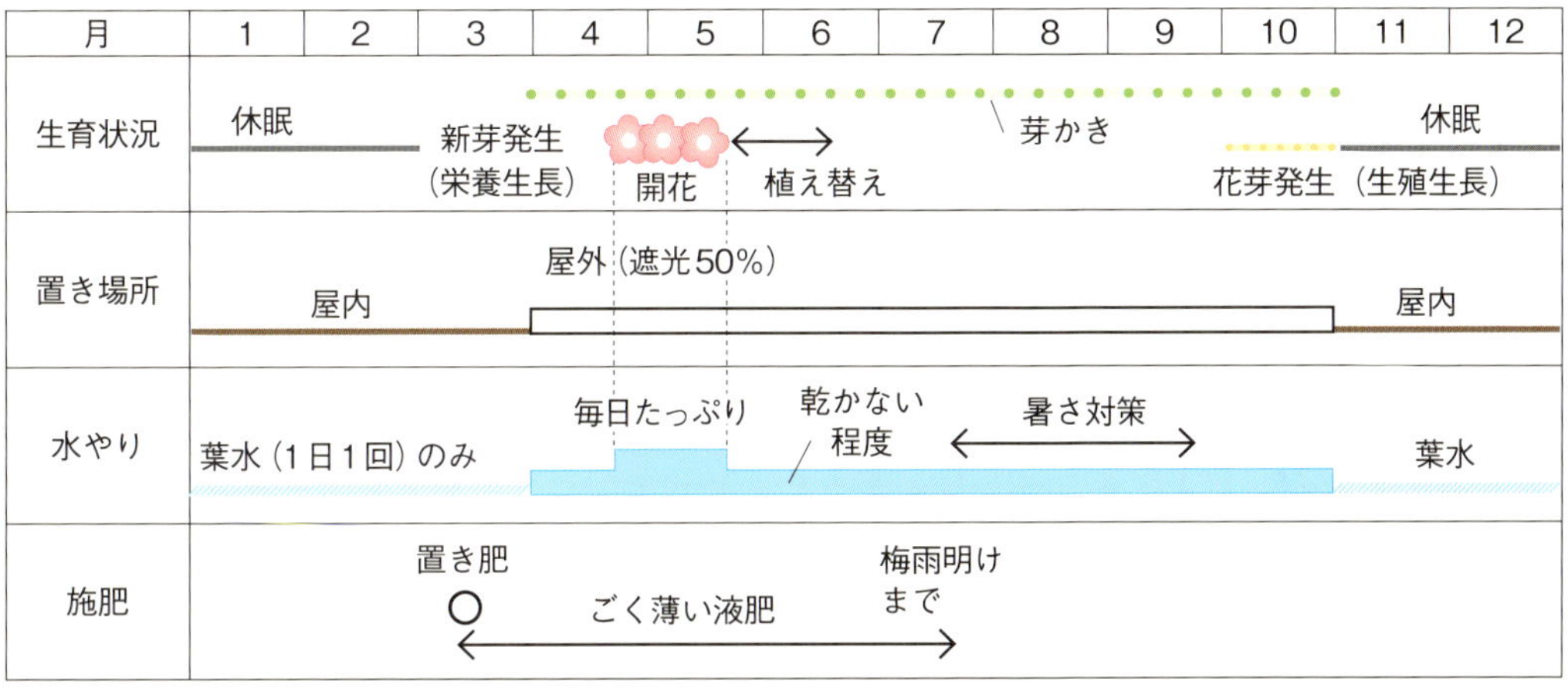

・屋外の風通しがよい場所を選び、高さ30㎝以上の網状の台の上に置く
・梅雨時期、雨が数日降り続くときは雨除けする
・冬期は株が凍結しない程度の低温の場所に置く。1日1度、霧吹きで葉水を与える（水が株元に少し浸みこむ程度）
・肥料は春、新芽が出る時期にチッソが少なくリン酸の多い緩効性肥料を株元に置き肥。10日に1度ごく薄い液肥をかん水に混ぜて与える。梅雨明け以降は必要ない

秋は花芽を葉芽と間違えて取らないように注意。葉芽は平たくて、花芽はふっくらと丸い

④夏は株を冷やして休眠を防ぐ

原種ランの自生地は北緯二五度（沖縄県）付近、海抜二〇〇〇m前後。夏は夜温が二〇度以下と低く、自生地では株がもっとも生長する時期です。

ところが日本の夏は暑すぎて、何もしないと梅雨明けから約二カ月休眠してしまい、秋に花芽がつきません。

夏は早朝と夕方、株全体に水をかけ、風通しのよい場所で冷やします。散水後一～二時間、扇風機の風を当てると、気化熱により高い冷却効果が得られます。

キンリョウヘンより　もっと強力なランを育種

キンリョウヘンは明治以降、観賞目的で交配が繰り返され、現在販売されているもののなかには誘引力のないものもあるようです。

そこで私は原種デボネアナムと原種キンリョウヘンを交配し、日本ミツバチの誘引力が強いラン「ミスムフェット」「ハニービー」を選抜しました。お客様からも好評です。

（明石オーキッドナーセリー）

＊二〇一三年七月号「日本ミツバチ誘引ランを、来年の分蜂時期に咲かせるコツ」

◆筆者が育種した誘引ラン入手の問い合わせ先は六四ページ

ブ〜〜ン
ブ〜〜ン

5月12日午前10時、軒下に置いていた丸太巣箱から日本ミツバチの大群が飛びだしてきた！　すぐに渦を巻くように庭じゅうを飛び回り始めた。初夏の雨の翌日、暖かくてムッとする湿度の高い日に、分蜂は起こりやすい

取材でお邪魔していた岩波金太郎さんの

お宅で、突然分蜂が始まった！

急きょカメラを回して見守ることにした。

（DVDで動画もご覧ください）編

ここに
集合

庭にある板にミツバチが集まり始めた。分蜂群の集合場所として金太郎さんが数年前に設置した場所だ。何回も分蜂群が止まり、ミツバチのニオイ（集合フェロモン）が染みついている

巣門からミツバチが
あふれ出てくる

蜜を
貯めている

分蜂するハチは蜜を腹いっぱいに貯めてくるので、腹が黄色く透き通って見える。満腹でおとなしいから触ってもめったに刺されないという

ハチがどんどん集合して大きな塊（蜂球）になってきた。次の棲みかを決める会議を始めるようだ

日本ミツバチの分蜂を見た！

長野県諏訪市・岩波金太郎さん

DVDでもっとわかる

こっちだよ
あ、8の字ダンスだ！

下見から戻ってきた偵察バチが尻振りダンスで候補地の方向と距離を仲間に教えている

キンリョウヘン

午後になるとミツバチは再び上空を舞い、玄関に置いてあった待ち箱（重箱式巣箱）に吸い込まれるように入っていった。巣箱の横に置いたキンリョウヘン（14ページ）がばっちり効いた

お尻を上げている

まだ外を飛んでいる仲間を呼び寄せるため、働きバチが巣門の前でお尻を高く上げて集合フェロモンを出し始めた

分蜂群の捕獲のとき便利な道具

分蜂群の仮止まりポイント

巣箱から分蜂した群は、新しい棲みかが見つかるまで、元の巣箱近くの木の太枝などに一時的に蜂球をつくる。庭先や畑など、巣箱の近くにミツバチが好みそうなポイントをつくっておくと、そこに仮止まりしてくれる確率が上がり、巣箱に取り込むのがラクになる。

兵庫県の小田隆司さんは、果樹園の中に竹製のスダレと物干し竿の支柱でポイントをつくっている。仮止まりしたら空の巣箱を蜂球のすぐ下に置き、ハチブラシで蜂球を根元からゴソっと取って、優しく巣箱の中に入れる

分蜂群は、うす暗く、涼しく、風の通りのない、表面のザラザラした所を好む。岩波さんは、ミツバチが好きなサクラの木の皮に古い木の板で風よけをつくって設置

女王バチの逃去防止、巣箱の運搬に便利

巣門の大きさを調節する道具

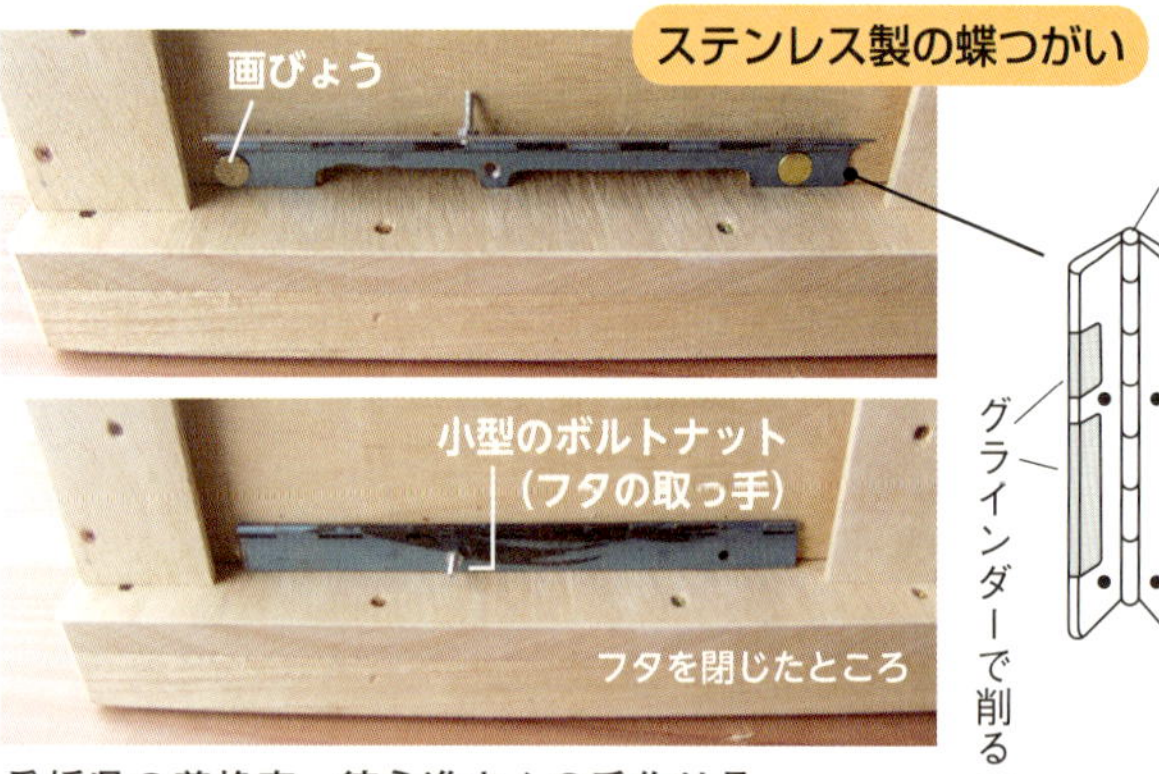

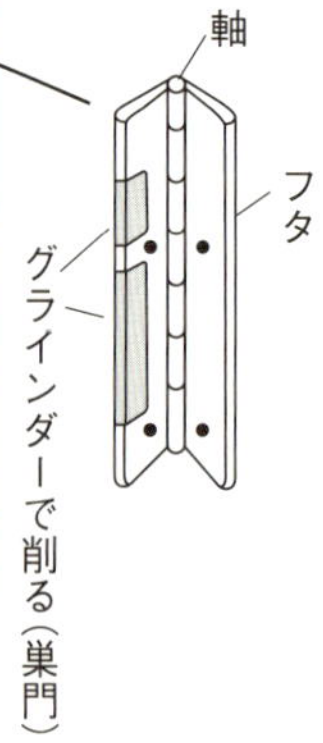

愛媛県の養蜂家、徳永進さんの手作り品。細長い蝶つがいを改造。写真のように片方の板を巣門の広さに削り、釘や画びょうで固定。もう片方が巣門を塞ぐためのフタになる。蝶つがいの軸に蜜ロウを塗ると動きが硬くなり、好きな角度でフタを固定できる。フタの角度によって巣門の高さが調節できる

仮止まりしている蜂球を捕獲して巣箱に入れると、巣箱になじめない分蜂群は外に逃げようとすることが多い。でも女王バチさえ出さなければ、逃げた働きバチも戻ってくる。そこで、捕獲直後に「働きバチは通れるが女王バチは抜けられない大きさ」に巣門を調節する逃去防止器具を設置すると安心。

設置期間は取り込み直後から３～７日。岩手県の藤原誠太さんによると、働きバチが巣門の周りを見張りするようになり、午前中１分間に10匹以上のテンポでどんどん花粉を運ぶようになれば外しても大丈夫だという（巣造りが本格化したサイン）。

ただし、第２分蜂以降の未交尾女王の場合は、早めに巣箱から出して交尾させないと、無精卵のオスバチばかり産まれてしまう。逃去のリスクはあるが、捕獲１～２日後から、天気のいい日の12～14時に器具を外して女王バチを出す。これを２～３回やると交尾は十分。

KY式便利巣門

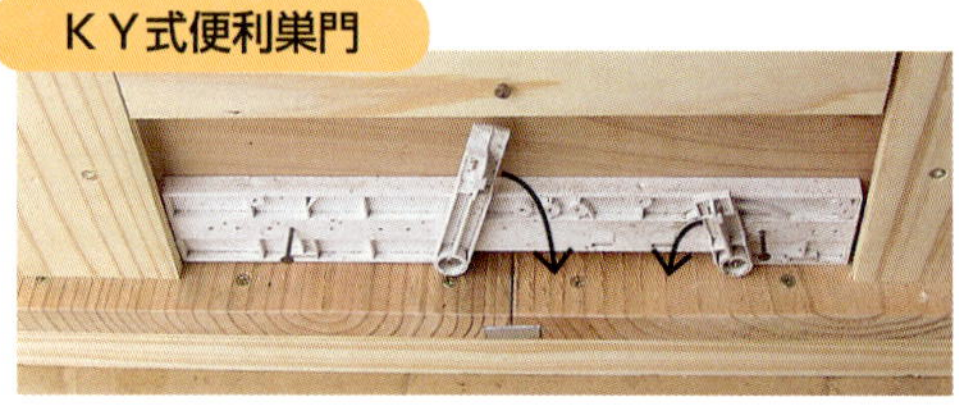

こちらも徳永さんが愛用。プラスチック製で、2つのバーを下ろすと完全に巣門が閉まる。スズメバチや西洋ミツバチの盗蜜対策で巣門を狭くするときにも使える。秋田屋本店で販売（連絡先は64ページ）

ハチマイッター

長野県のミツバチ研究家、間瀬昇さんが考案。横に張った線の幅は働きバチだけが通れる4㎜弱にしてある。巣門の前に置き、ビスや針金で固定

キンリョウヘンの誘引成分が資材化！

14ページのとおり、キンリョウヘンの花には日本ミツバチの分蜂群をまるごと誘引する不思議な効果がある。

京都学園大学の坂本文夫教授と元客員研究員の菅原道夫氏らは、キンリョウヘンのガクや花弁から分泌される誘引物質が「3-ヒドロキシオクタン酸」「10-ヒドロキシデセン酸」であることを突き止めた。どちらも日本ミツバチの大アゴ腺に含まれる成分で集合フェロモン様作用をもつという。成分は人工的に合成され、日本ミツバチ分蜂群の誘引剤（ルアー）が試作されて分蜂群の捕獲に成功。2014年には京都学園大学のベンチャーとして「京都日本ミツバチ研究所」が立ち上がり、商品製造を開始。「日本在来種みつばちの会」、「京都ニホンミツバチ週末養蜂の会」、「Blue Berry House」（岐阜）、「山梨ニホンミツバチ保存会」から販売される。

分蜂群を捕まえたい人には朗報。ただし、むやみな乱獲や分蜂群の取り合いに利用されるのは大問題。モラルを守って、自分で大事に飼える数だけ入手するために使いたい。編

手作りミツバチ吸引機

岩手県の井上美津男さんは、分蜂群を写真のミツバチ吸引機で集めることもある。重箱式巣箱に収める仕組みなので、このまま飼育をはじめられるのが便利。

吸引機能付きのブロワー（掃除機でもOK）と重箱式巣箱の底板を連結

この上に空の巣箱を載せ、巣箱の継ぎ目をガムテープで目張りして吸引

女王バチを捕獲して分蜂群を取り込む

長野・岩波金太郎

網を構えておき、女王バチが出て来たら上からパッと被せる

第一分蜂（母女王の分蜂）のときは、近くに仮止まりせずそのまま遠くへ逃げやすいので、巣箱から出てくる女王バチを捕まえて空き巣箱に入れる方法がたいへん有効です。

分蜂間近の巣箱の巣門の前にコンパネなどの板を敷き、ミツバチの発着場所を広く取ります。巣門はなるべく狭くしておきます。分蜂が始まると、まず働きバチがものすごい勢いで出てきます。3分の2くらい出たあとに女王バチが出てきたところを捕まえます。動きは鈍いですし、大きさも違うので意外と簡単に見分けられます。

次に、女王を傷めないようそっとハチマイッターに入れて空き巣箱の巣門に取りつけます。この女王入り巣箱を、飛び回っている蜂群の近くに置くと、蜂群が自然に入ってきます。

日本ミツバチ用

自慢の巣箱いろいろ

日本ミツバチの巣箱にはいろんな形がある。それぞれの特徴を比べてみた。
各地の農家が編み出した工夫いっぱいの巣箱も紹介。

日本ミツバチが住みたい場所

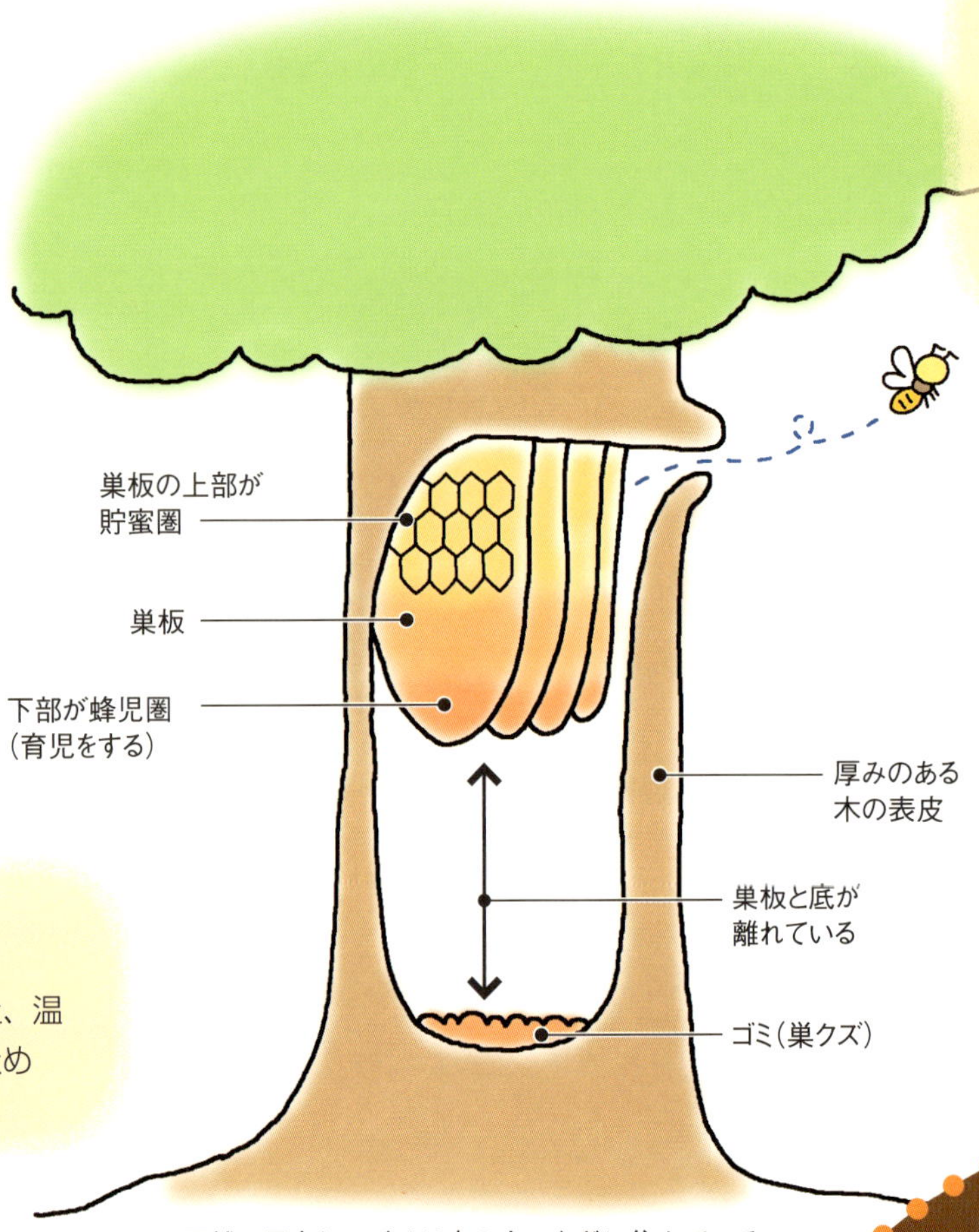

天然の日本ミツバチは木のウロなどに住んでいる

外壁が厚くて断熱性があり、内部の温度・湿度の変化が少ない

ミツバチは羽を動かして風を起こし、巣門から空気を出すなどして巣の温度を常に一定に保つ（春～秋は約35度、冬は約30度）。断熱性の高い場所なら、その労力が少なくてすむ

縦長の空間

巣板が長く伸びても底につかない縦長の空間を好む（天敵スムシの幼虫が巣の底で殖えても登ってこないように）

すき間がない

外敵の侵入防止、温度湿度安定のため

前にミツバチが巣をつくった場所

過去に何度も営巣されていて、ミツバチのニオイがしみついた場所ほど好まれる。木のウロはこういった条件が揃っている

待ち箱向き巣箱

昔から使われていて、待ち箱（分蜂群を捕える巣箱）にぴったり。縦長の形、内側が空洞で障害物がないなど野生の巣に近い環境なので、野生の分蜂群が好む。

簡単につくれて、軽い

縦型巣箱（角洞）

縦長の板を張り合わせただけのシンプルな構造。丸太巣箱よりも軽くて持ち運びやすい。

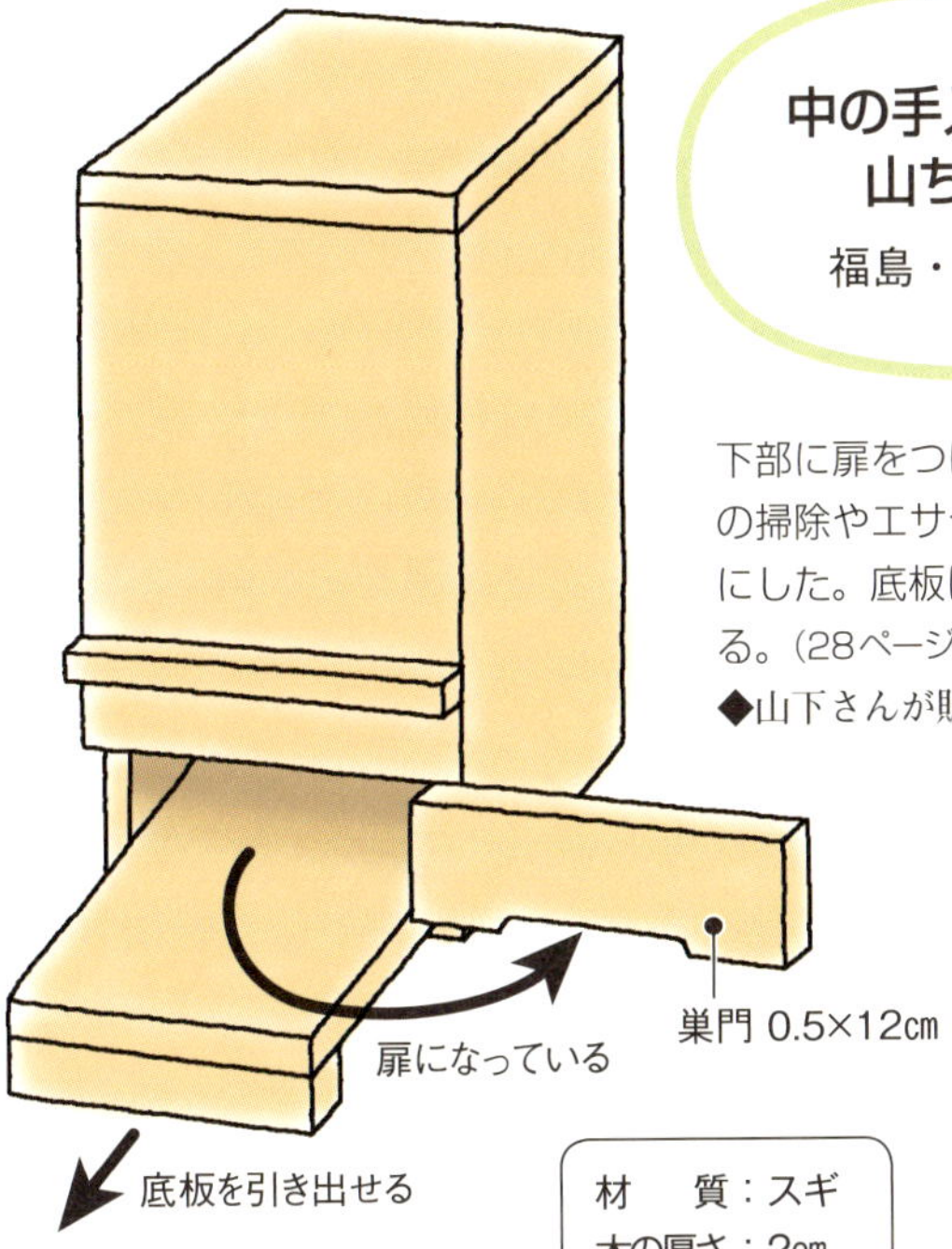

材　質：スギ
木の厚さ：2㎝

中の手入れが簡単！山ちゃん巣箱
福島・山下良仁さん

下部に扉をつけて、底にたまる巣クズの掃除やエサやりが簡単にできるようにした。底板は夏は網の板に替えられる。（28ページ参照）

◆山下さんが販売（連絡先は64ページ）

分蜂群の捕獲率ナンバーワン

丸太巣箱（丸洞）

丸太の内側をくり抜いた巣箱。木のウロ（空洞）に近い形で分蜂群が最も好む。丸太は製材所などで安く手に入るので費用も安くすむ。

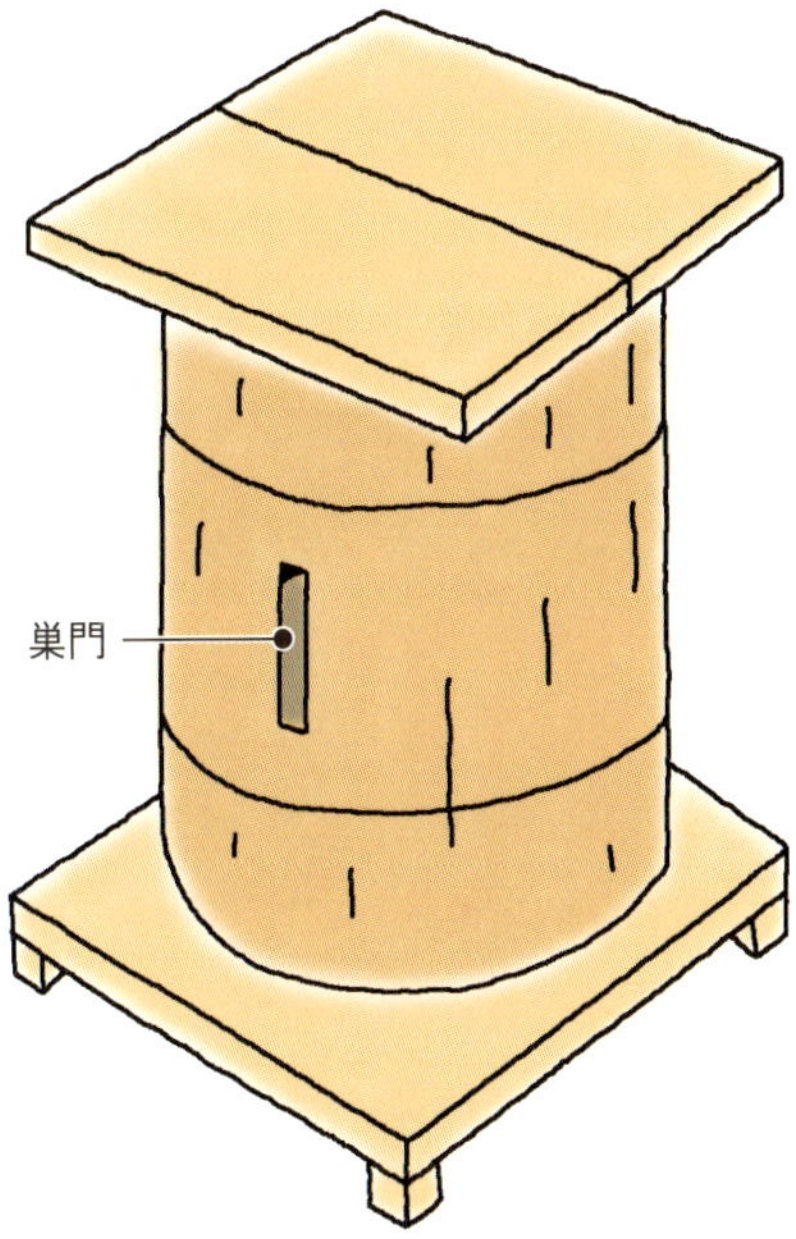

丸太はどうやってくり抜く？

丸太の加工はチェンソーが便利。だが、チェンソーの鎖状の刃にはオイルが塗ってあり、刃が当たったところは微量でも油がついてしまう。ミツバチは油のニオイが嫌いなので、チェンソーの油が内側についた丸太巣箱には2～3年居つかないという。

そこで、岐阜県の安積保さんたちは、写真のように放射状の切れ込みだけをチェンソーで入れて、あとはハンマーとタガネで削る。これならチェンソーの油が巣箱に残らない。ちなみに、丸太は伐採したばかりの生木のほうが削りやすい。

チェンソーで丸太に放射状の切れ込みを入れる

タガネを年輪の線上に当て、ハンマーで打つ

年輪に沿って簡単に削れる

自然巣だけど採蜜しやすい巣箱

丸太や縦型巣箱と同様に、中に自然巣をつくらせるが、採蜜しやすいようにちょっと工夫が加わった巣箱。

人気ナンバーワン

重箱式巣箱

側面だけの四角い枠を重箱のように積み上げた巣箱。群が大きくなるにつれて重箱を足すことができる。採蜜のときは重箱の境目にタコ糸や針金を入れて上部の貯蜜部だけを切り取れる。幼虫や卵が入っている下部を巣箱の中に残せるので蜂群のダメージが少ない。

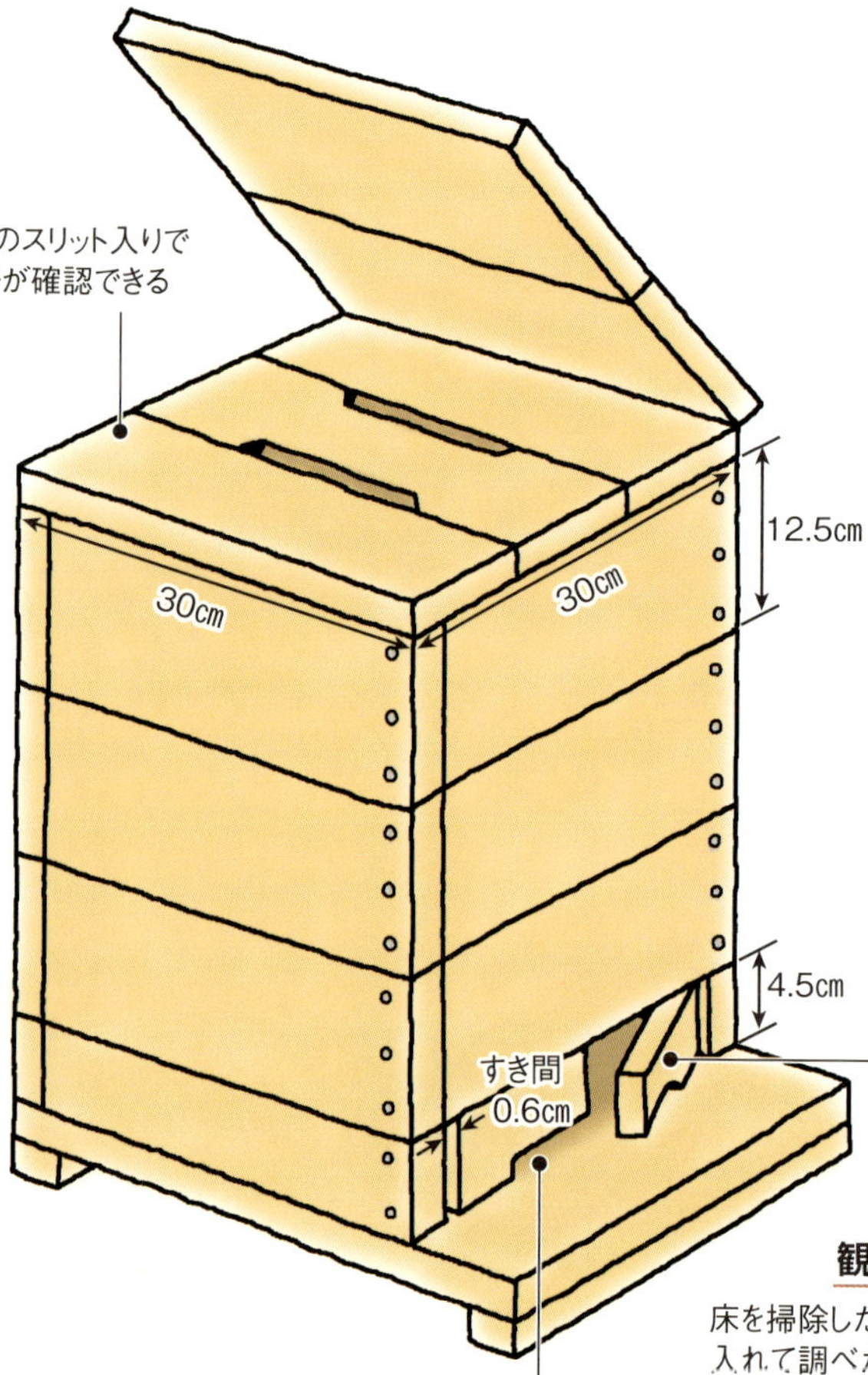
中ブタ
幅約1㎝のスリット入りで中の様子が確認できる
観音開き扉付き基台
床を掃除したり、巣板の成長を鏡を入れて調べたり、暑いときに全開にして風を通してやることもできる
巣門 0.6×14㎝

材　　質：スギ
木の厚さ：2.5㎝

1段が薄くてハチに優しい久志流・重箱式巣箱

長崎・久志冨士男さん

重箱1段の容積が大きすぎると、蜜を採り過ぎて群にダメージを与えてしまう。久志さん（故人）はハチを弱らせず蜜が最大に採れる重箱を研究。20年かけて内寸25㎝四方、高さ12.5㎝という寸法にたどりついた（上と右の図）。

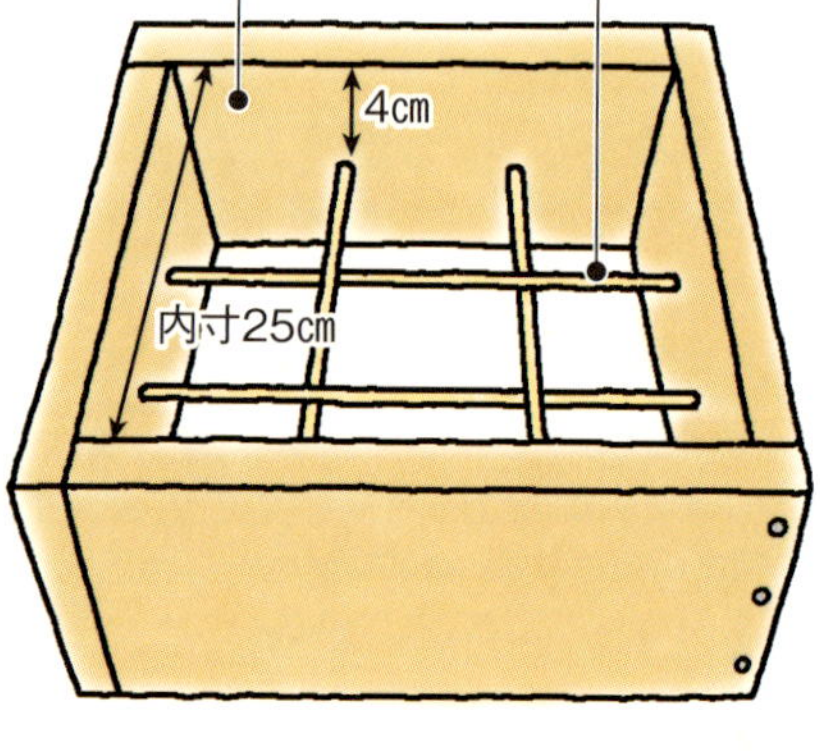
カンナは内も外もかけない。
内側はガサついているほど巣板の付きがよい
竹ひごで巣を支える
（採蜜時に最上段を切り離しても巣が落下しない）

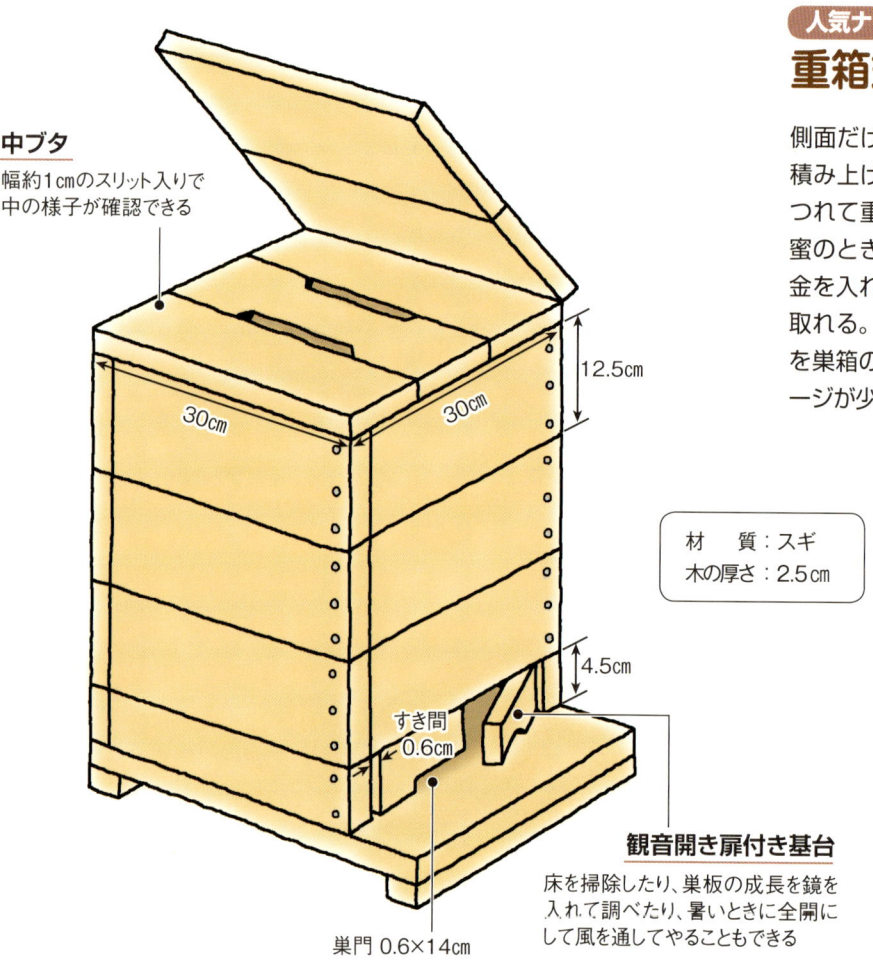

巣板が落ちにくい

横型巣箱

箱の深さがないので、ミツバチは中に短い巣板をたくさん作る。巣板1枚1枚が軽くて移動のときに巣板が落ちにくい。貯蜜板と蜂児板がはっきり分かれるので、採蜜のときは貯蜜板だけを搾ればいい。貯蜜部と蜂児板を見分けて切り分ける作業が少なく、採蜜作業が手早くできる。

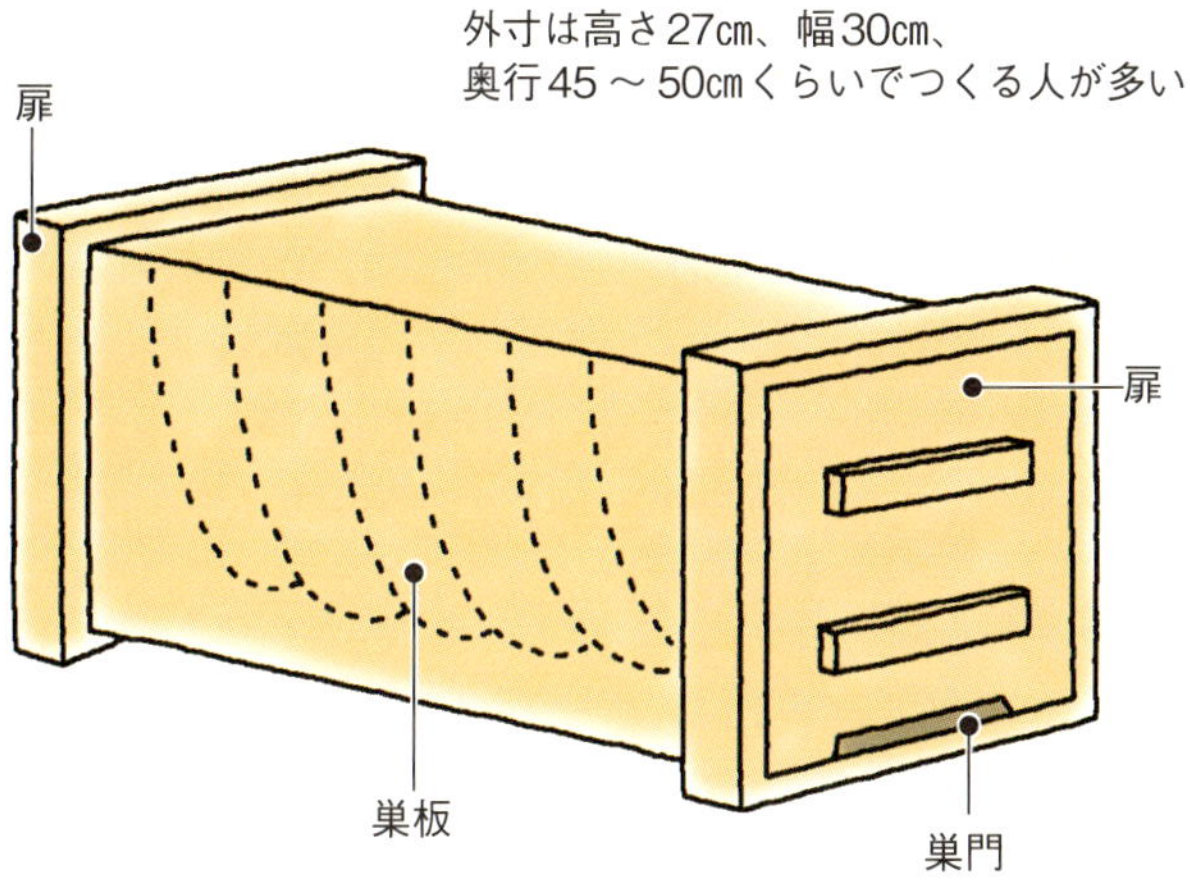

●巣箱の形によって巣板の形が変わる

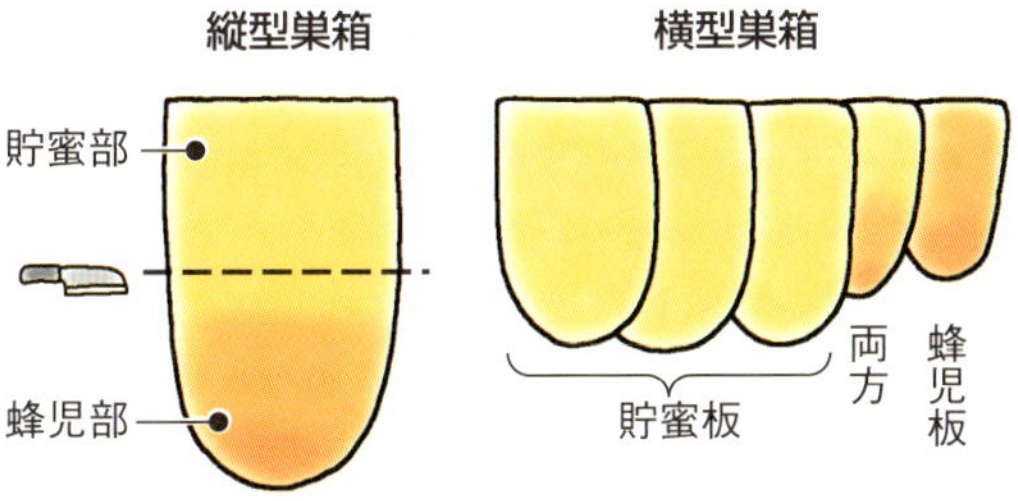

分蜂群が入りやすい、そのまま飼える ハイブリッド巣箱

岐阜・安積保さん

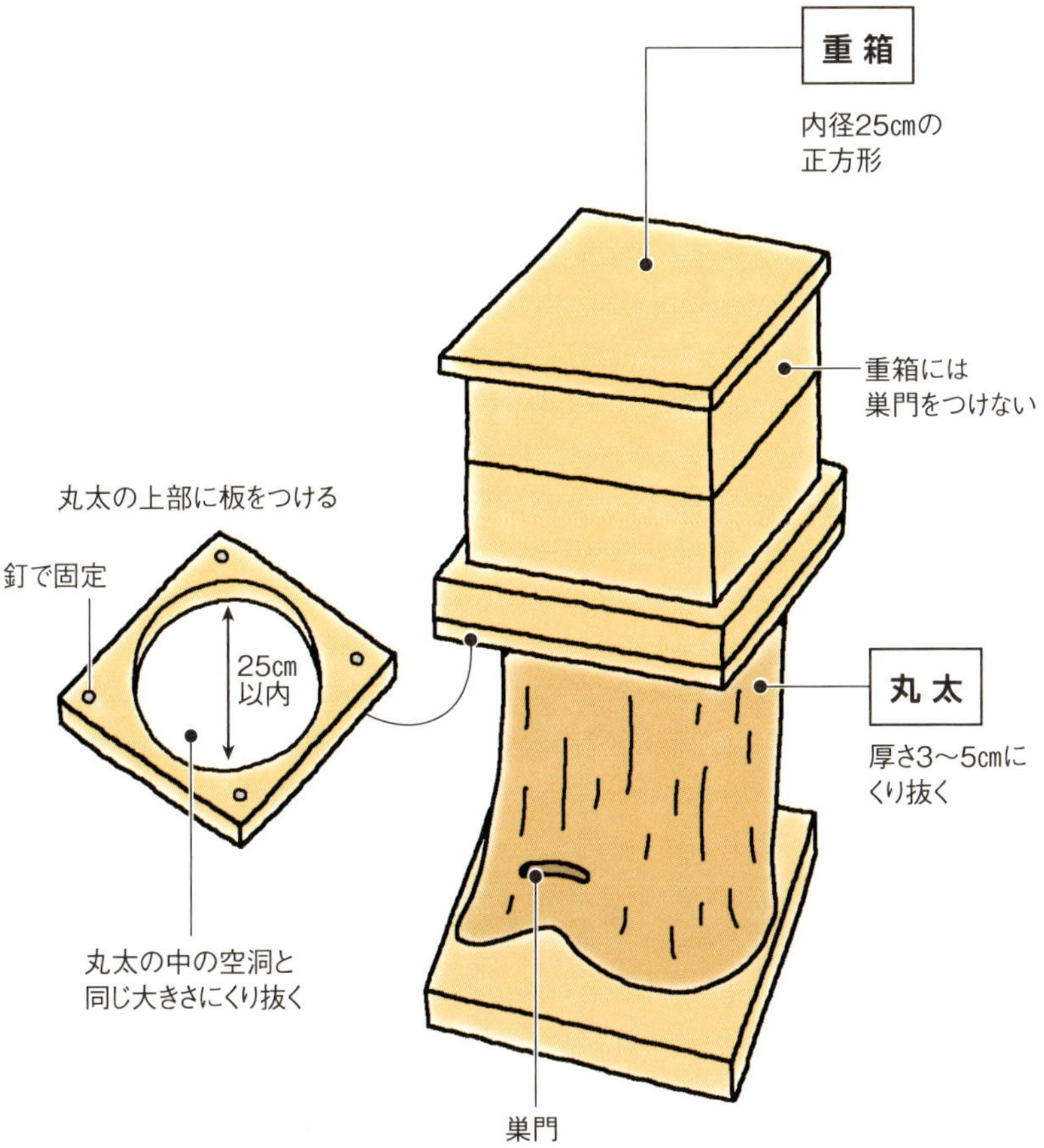

分蜂群が最も入りやすい丸太巣箱と、採蜜しやすい重箱巣箱を組み合わせた「いいとこどり」の巣箱。分蜂群は丸太を気に入って下の巣門から入り、高いところへ向かう習性によって上部の重箱に移動して巣をつくりはじめる。群が入ったら上の重箱だけを取って飼育場所に運び、丸太の上に空の重箱を載せておけば、また次の分蜂群が捕獲できることもある。安積さんは同じ場所で1年に5回も分蜂群を捕まえたそうだ。重い丸太巣箱を置きっぱなしにできるのが便利。

安積保さん。新潟の佐藤清さんの工夫したハイブリッド巣箱を元につくっている

巣枠でしっかり管理できる巣箱

箱の中に入れた巣枠に巣をつくらせる。今まで登場した巣箱は巣の様子を上下からのぞくことしかできないが、これなら巣枠一枚一枚を取り出して観察・管理が可能。病害虫の早い発見、採蜜が簡単でハチを傷つけない、自然分蜂が起こる前に「分割」（人工分蜂）できるなど、巣の中の管理が簡単。

世界のベストセラー

ラングストロース式巣箱（ラ式）

アメリカのラングストロース牧師が19世紀に開発し、世界中で使われている。巣箱は横長の形で、中に横長の巣枠が10枚入る。巣枠には人工巣礎（ミツバチの巣房の六角形を縁取った薄い板）を張り、ミツバチが巣礎に沿って効率よく巣を盛り上げられるようにする。古い巣箱を分蜂群の待ち箱に使う人も多い。

ただ、西洋ミツバチより体が小さい日本ミツバチにとっては、ラ式巣箱だと巣枠の幅、巣枠の間隔、巣礎の六角形などが大きすぎると感じている人もいる。

◆全国の養蜂器具専門店で販売（連絡先は64ページ）

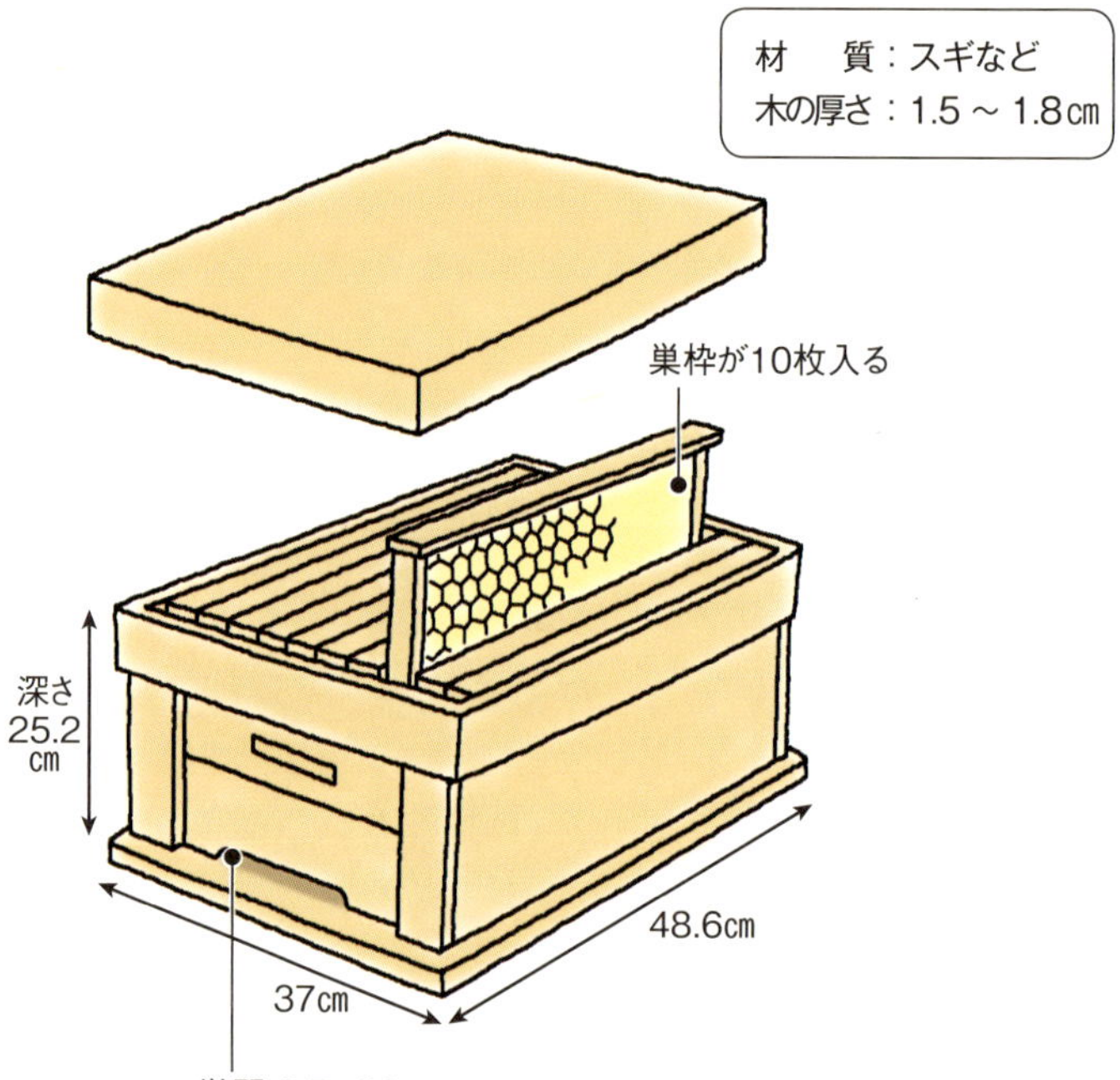

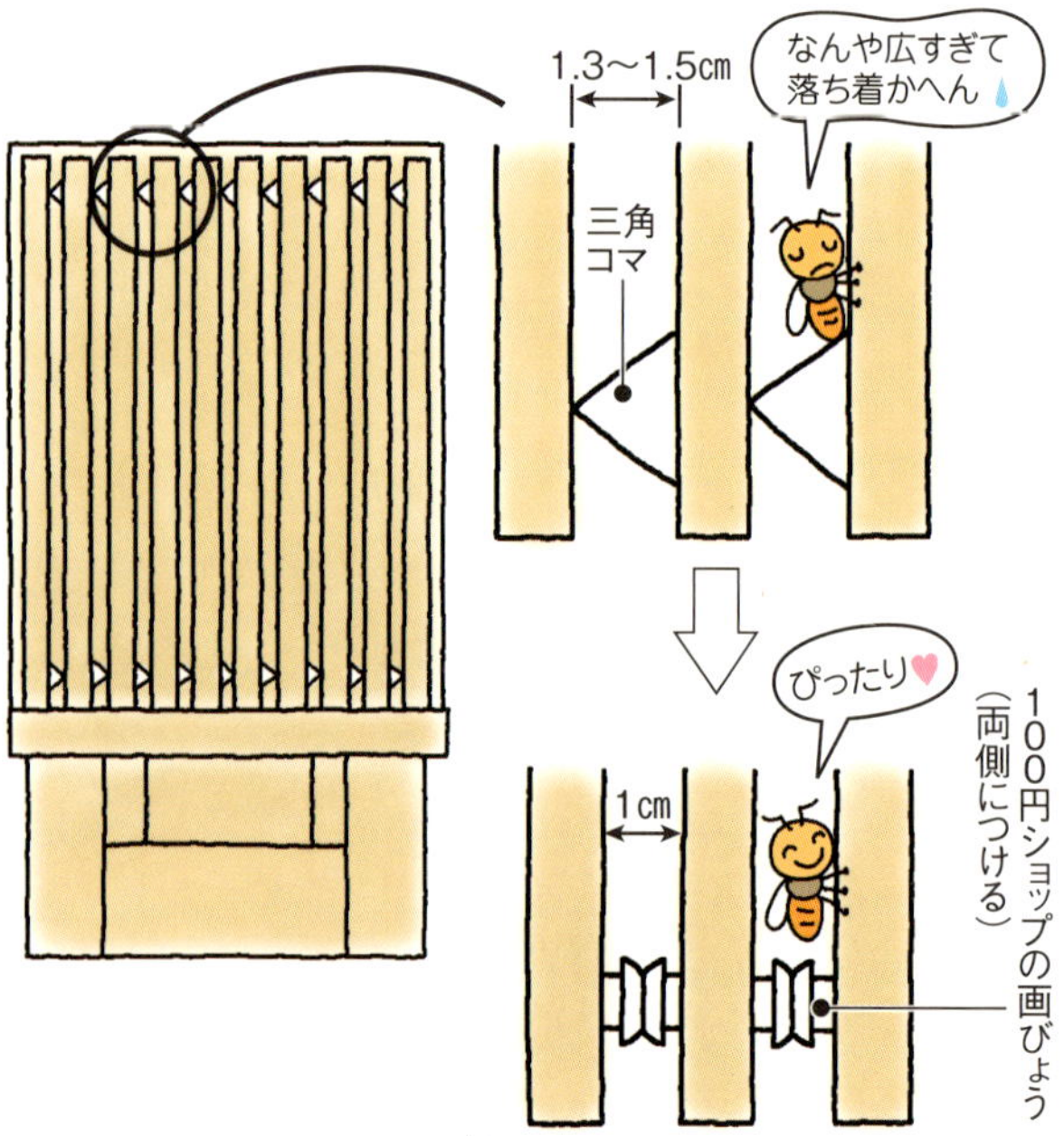

巣枠の間隔を狭くして、ムダ巣をつくらせない

兵庫・小田隆司さん

果樹園で日本ミツバチを飼う小田さんは、養蜂業者からもらった古いラ式巣箱を愛用。西洋ミツバチ用の三角コマ（巣箱に巣枠を入れたとき、巣枠が一定の間隔に並ぶように巣枠の桟に付ける部品）のついたラ式巣枠を使うと、日本ミツバチには間隔が広すぎたのか、巣枠の間にムダ巣をつくることがあった。そこで三角コマを画びょうに付け替えて、巣枠の間隔を狭めてやるとムダ巣ができなくなった。

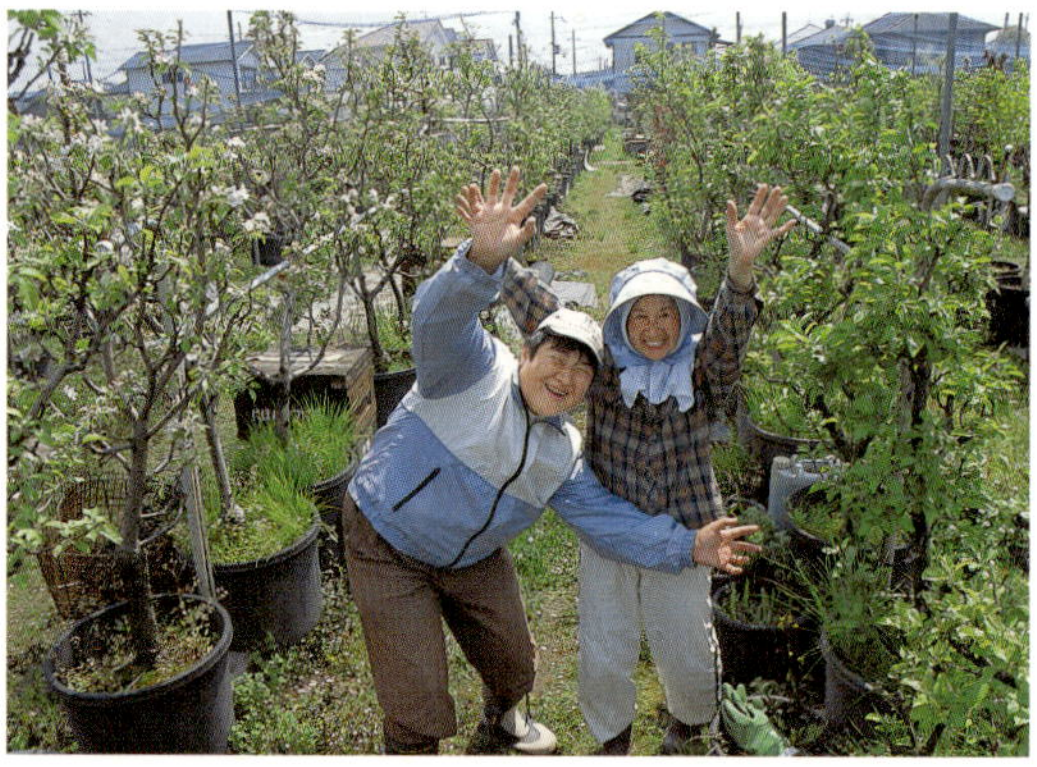
小田隆司さんと母の恵美子さん

日本ミツバチ専用の巣礎付き待ち箱巣箱

愛媛・徳永進さん

徳永さんは、ラ式巣箱の幅を巣枠２枚分狭くして小型化した「待ち箱巣箱」を開発。ラ式巣箱よりも軽くて持ち運びが便利。巣箱と巣枠に日本ミツバチの蜜ロウをたっぷりと塗り、日本ミツバチの蜜ロウで作った人工巣礎を使うなど、分蜂群が入りやすい工夫が随所にある。

無事に分蜂群が入ったら、上段の箱を2km以上離れたところに移動して、中の巣枠だけを「飼育箱」（ラ式巣箱と同じ寸法）に移す。飼育箱は広いほうが、群が殖えて巣箱が満杯になり分蜂が起こってしまう心配が少ないからだ。

◆徳永養蜂場で販売（連絡先は64ページ）

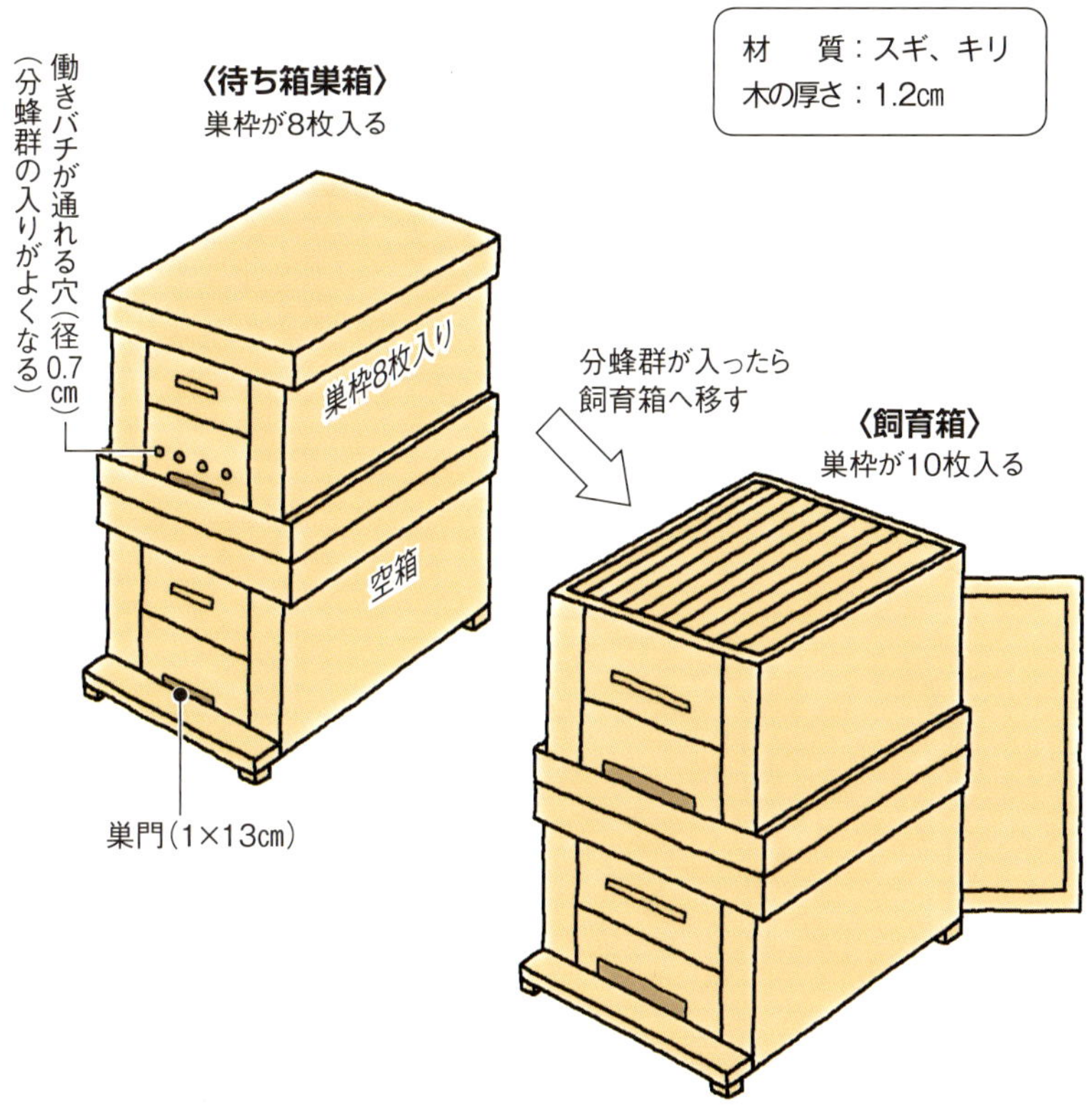

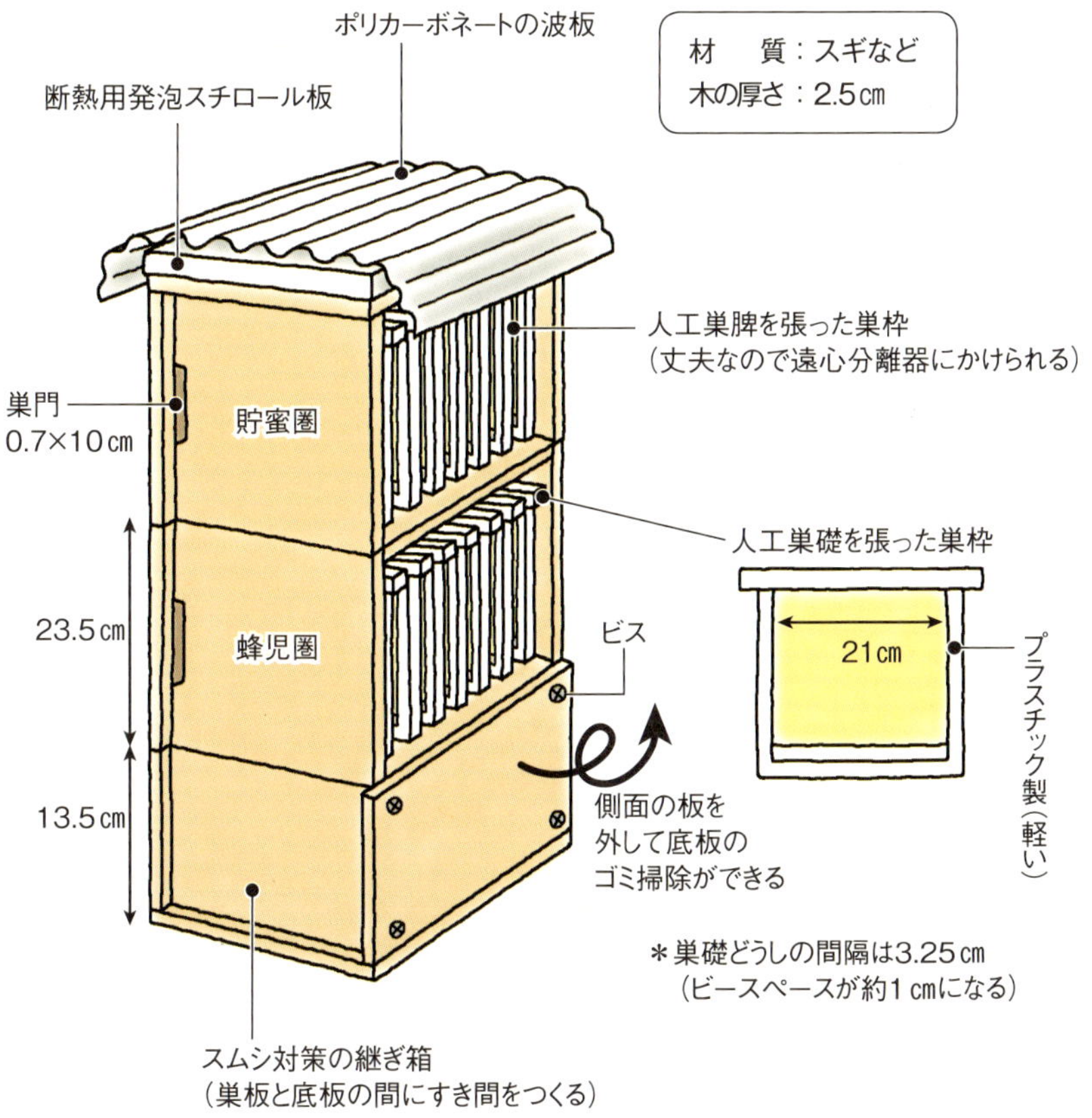

日本ミツバチの群の大きさに合わせた小型サイズ 現代式縦型巣箱

岩手・藤原誠太さん

養蜂家の藤原さんは、ラ式巣箱は日本ミツバチには大きすぎて、保温性が悪くスムシも殖えやすいと気づいた。そこで、巣箱の幅をラ式の半分にして、2.5段に積み重ねた「現代式縦型巣箱」を開発。

遠心分離機で採蜜できるように、上段の巣枠にはポリプロピレン製の丈夫な人工巣脾（六角形の巣房を立体的に盛り上げた巣礎）を張った。下の段は日本ミツバチの蜜ロウでつくった人工巣礎を使う。巣箱が小型で、巣枠はプラスチック製なので軽く、持ち運びがラク。

巣枠もラ式巣枠のちょうど半分の幅なので、ラ式巣箱の巣を半分に切ればムダなく簡単にこの巣箱の巣枠に移せる。

◆藤原養蜂場で販売（連絡先は64ページ）

巣礎を使わない自然巣枠式 か式巣箱

長野・岩波金太郎さん

日本ミツバチは人工巣礎や針金などの人工物を嫌がると感じた岩波さん。研究の末、巣礎や針金を張らなくても巣が落下しない最大の幅は19.1㎝だと突きとめた。そして、内径19.1㎝の小型巣枠と横型巣箱をセットにした「か式巣箱」を考案。（30ページ）

◆岩波さんが販売（連絡先は64ページ）

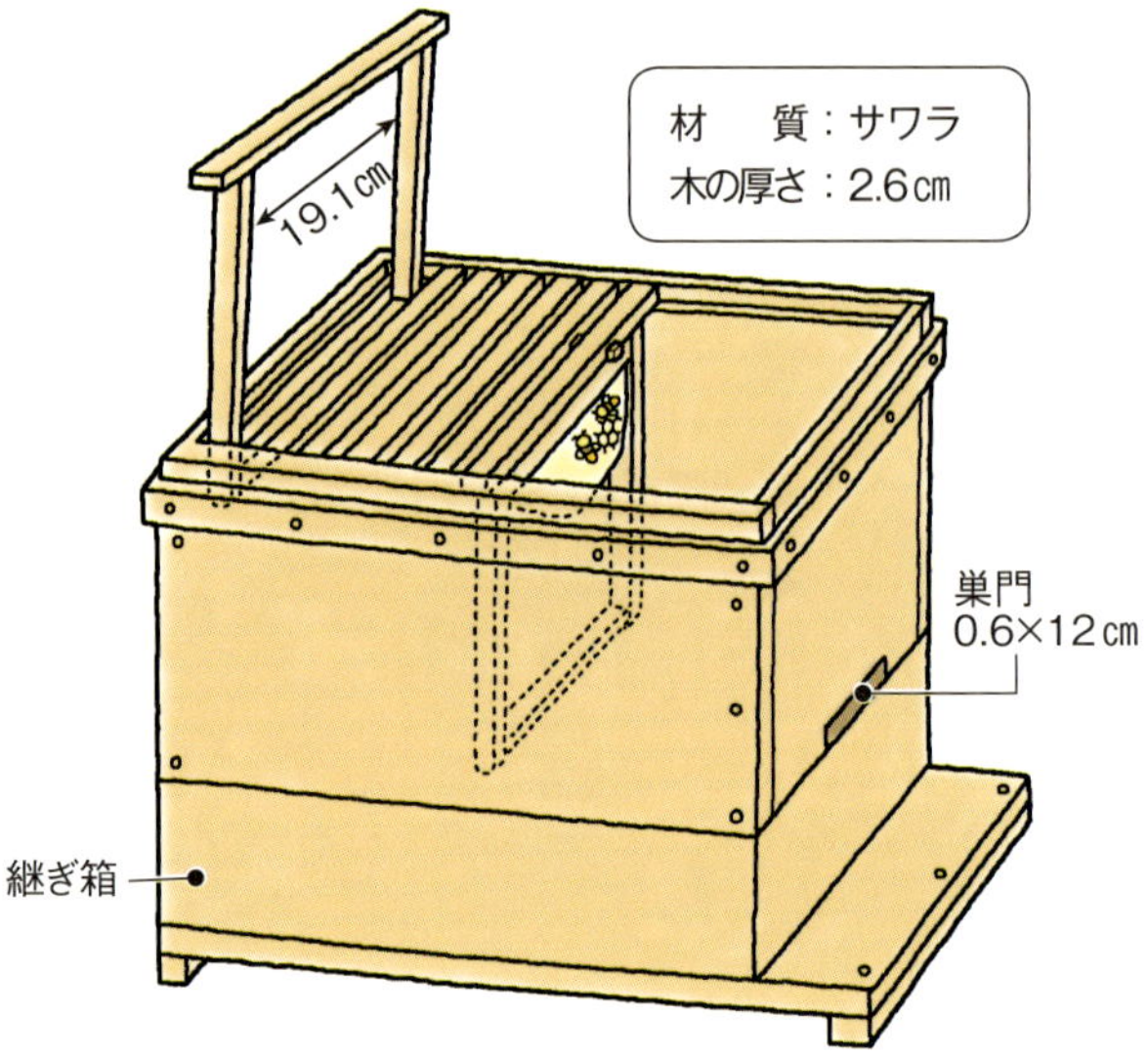

これもあり!? 超お手軽、塩ビパイプ巣箱

広島・二上雅幸さん

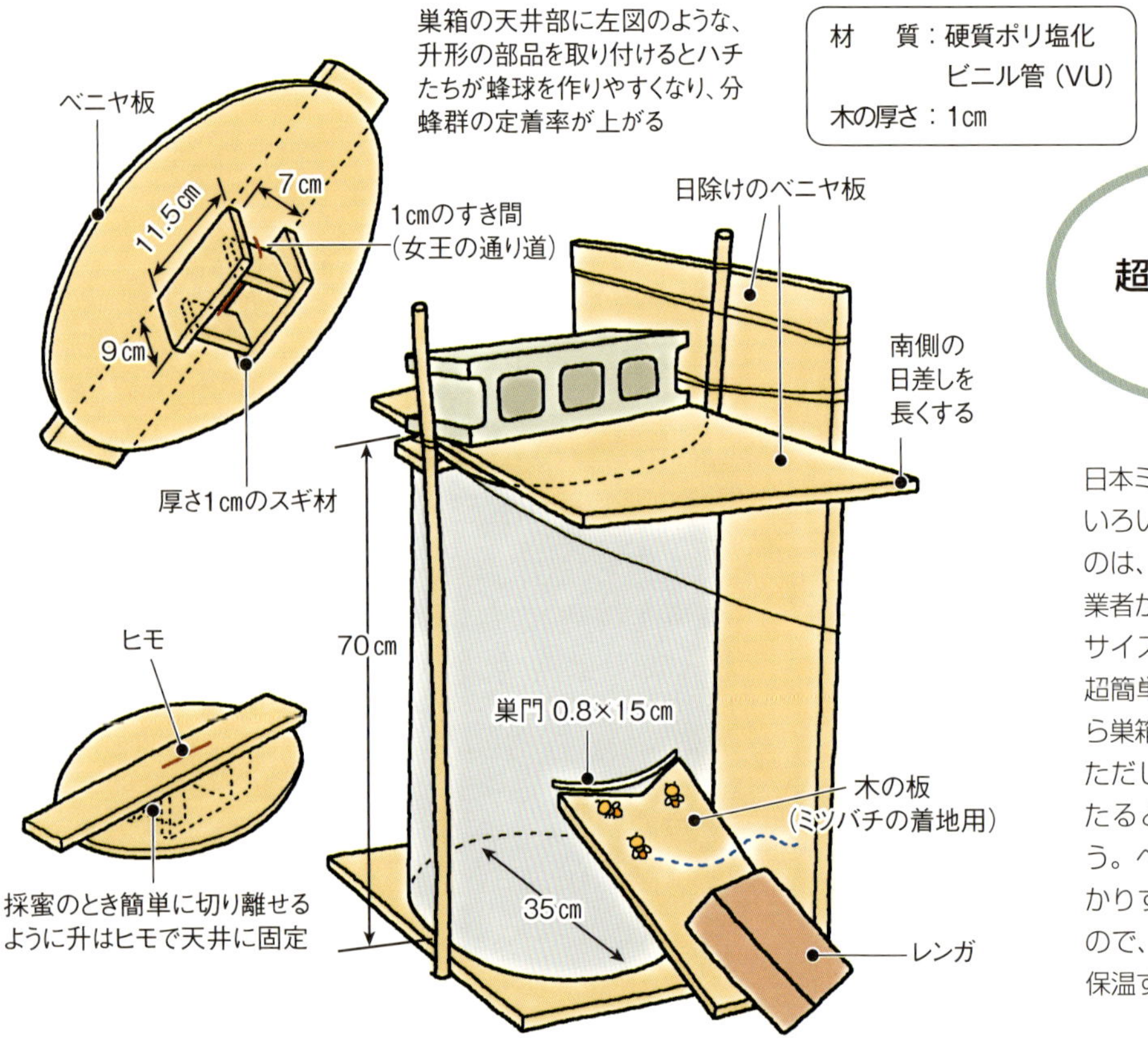

巣箱の天井部に左図のような、升形の部品を取り付けるとハチたちが蜂球を作りやすくなり、分蜂群の定着率が上がる

日本ミツバチを50年近く飼う二上さんが、いろいろな巣箱を試した末にたどりついたのは、なんと塩ビパイプ。近所の土木工事業者からゆずってもらった内径35㎝の極太サイズだ。切るだけなので、巣箱づくりは超簡単。塩ビパイプはスムシが食べないから巣箱は意外と長持ちする。

ただし、黒っぽい色なので、直射日光が当たるとすぐに内部の温度が上がってしまう。ベニヤ板で側面と天井の日除けをしっかりする。また、厚みが薄くて冷えやすいので、冬は米袋を側面に3〜4重に巻いて保温する。

寒い地域は縦長の巣箱のほうが冬越ししやすい

真冬、日本ミツバチは巣箱の中心に密集して蜂球をつくり、互いに温めあう。ラ式巣箱のような横長の巣箱だと、暖かい空気が横に分散して蜂球の下部が冷えてしまう。

小型で縦長の巣箱なら、上部に暖かい空気が厚くたまるので、蜂球全体が暖かい空気の中に入り、寒さをしのぎやすい。

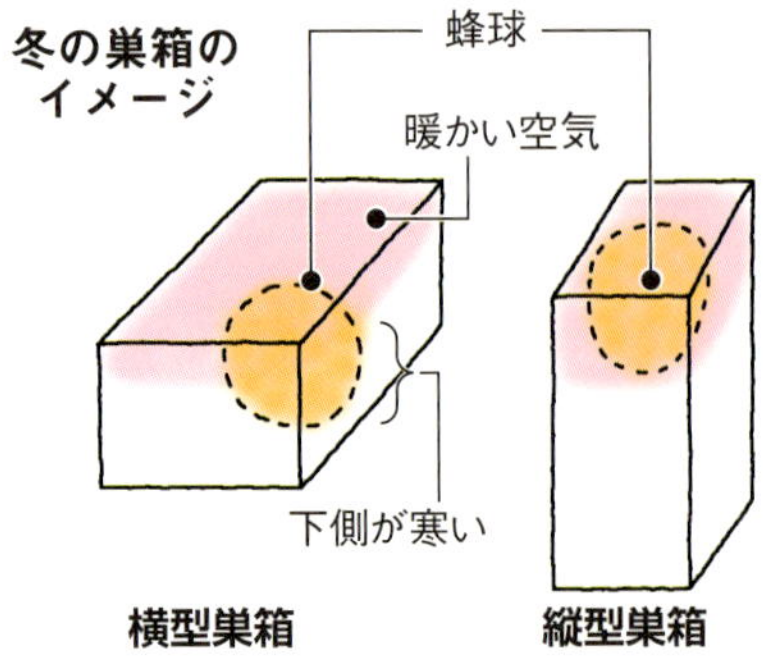

結局、どの巣箱にしたらいいの？

いろいろ比べてみた

各巣箱の長所、短所

特徴	巣箱	長 所	短 所
待ち箱向き	丸太	分蜂群が入りやすい。材料が安い	内検、分割できない。重い。採蜜の際、巣をまるごと取るのでダメージが大きい
	縦型	簡単につくれる	内検、分割できない。採蜜は巣をまるごと取る
自然巣だけど採蜜しやすい	重箱式	簡単につくれる。貯蜜部だけ切り取れる。継箱を足して空間を広げられる	内検、分割できない。貯蜜部を切り取るときに蜜が流れてミツバチが死ぬ
	横型	貯蜜部と蜂児部が巣板ごとに分かれる。巣板が落ちにくい	内検、分割できない。スムシ害を受けやすい
管理しやすい	巣枠式	内検、分割ができる。採蜜が短時間でハチを傷つけない	分蜂群がやや入りにくい。値段が高め

どの巣箱にも長所・短所がある（表）。この他、巣箱の材質、大きさ、巣門も人によってさまざまだ。日本ミツバチを飼う人はそれぞれが「俺の巣箱が一番！」と思っており、そこがまた楽しい。

材質　圧倒的にスギが多い

スギは製材したものが安く買えるので定番。ただし、ミツバチが苦手な湿気がたまりやすいという弱点もある。ヒノキはニオイが強いので不向きのようだ。

安積保さんが丸太巣箱に使うのはケヤキ。重いけどすごく丈夫で、待ち箱として同じ場所に何年置き続けても腐らないし、大風が吹いても倒れない。徳永進さんのイチオシはキリ。軽くて腐りにくく、狂いが出ないので長く使える。

岩波金太郎さんはサワラ。軽くて通気性が抜群。内部に湿気がこもりにくいので、多湿を好むスムシの増殖を抑えられる。

大きさ　保温性と貯蜜量、どちらをとる？

巣箱は大きいと冬の保温性が悪いし、働きバチの監視が行き届かずスムシが殖えやすい。だが狭すぎると、蜜源が豊かな地域ではすぐに蜜や花粉で満杯になってしまい、何度も分蜂して一群当たりの数が減ってしまう。

だが、小さめでも重箱式なら継箱を足して居住空間を殖やせるし、巣枠式はこまめに採蜜できるので、蜜がたまりすぎて子育て場所が圧迫されることを防げる。

藤原誠太さんは、分蜂群の捕獲から梅雨時期までは大きな巣箱（ラ式）で飼い、スムシが殖える梅雨開けから寒い冬は小さな巣箱（現代型縦型巣箱）で飼うことを勧めている。

巣門　待ち箱は広く、秋以降は狭く

待ち箱は入り口（巣門）が大きいほうが偵察バチに見つけられやすく、分蜂群が入る確率が上がる。だが広すぎるとスズメバチやスムシに侵入されやすい。しかも蜜のニオイが外に漏れやすいので、西洋ミツバチに蜜を盗られてしまう確率も高くなる（盗蜜）。

巣門の高さが7㎜以下ならスズメバチはくぐれないが、巣門を食い広げて侵入することも多い。そこで徳永進さんは「KY式便利巣門」を愛用（18ページ）。プラスチック製なので食われず、巣門の幅も3段階で調節できる。 編

もうちょっと詳しく

山ちゃん巣箱　スムシ・暑さ対策が簡単

福島県伊達市・山下良仁《りょうにん》さん

山ちゃん巣箱のしくみ

ビールケースの上に置く（湿気を防ぐ）

①スムシ対策の扉

週に1度、中を掃除してスムシ対策。扉から砂糖水も給餌できる。採蜜後の群に水と砂糖を1：1で溶かした液を毎日少しずつやる（1日の量は写真の容器に半分ほど）

③巣を支える棒

幅2cmのスギ材

巣の中心にある一番大きくて重い巣板の支えになって、巣が落下するのを防ぐ

②底板は網戸に交換できる

底板を引き抜いて掃除や交換が簡単にできる。写真は網戸にした状態

初心者の母ちゃんでもラクに飼えますよ

山下良仁さん

縦型巣箱を管理しやすく改良

建築関係の仕事をしていた山下さんは、縦型巣箱を改良した「山ちゃん巣箱」を開発。日本ミツバチが簡単に失敗なく飼えると近所の母ちゃん養蜂グループも愛用している。

山下さんの工夫は次の通り。

①スムシ対策の扉をつくる

山下さん曰く「ミツバチを飼うのが嫌になったという人は、だいたいスムシにやられて逃げられてるんですよ」。そこで巣箱の下部に扉をつけた。春から秋は週に一度扉を開け、スムシのエサになる巣クズを掃き出せば対策はバッチリ。

②夏は金網の底板に替える

巣箱内が高温になると、巣が熱で軟らかくなってごそっと落ちてしまうことがある。山下さんは底板を引き出し式にして、夏は通気性のいい金網の底板に交換できるようにした。

三〇度を超すような暑い日になると、中にいられなくなったミツバチが巣門周りの壁にびっしりとへばりつく。それをサインに底板を網戸に替える。

③棒を入れて巣板の落下防止

巣箱真ん中の大きな巣板がいちばん落下しやすい。細長い棒を真ん中に入れておき、大きな巣板を補強する。

山下さんの採蜜方法

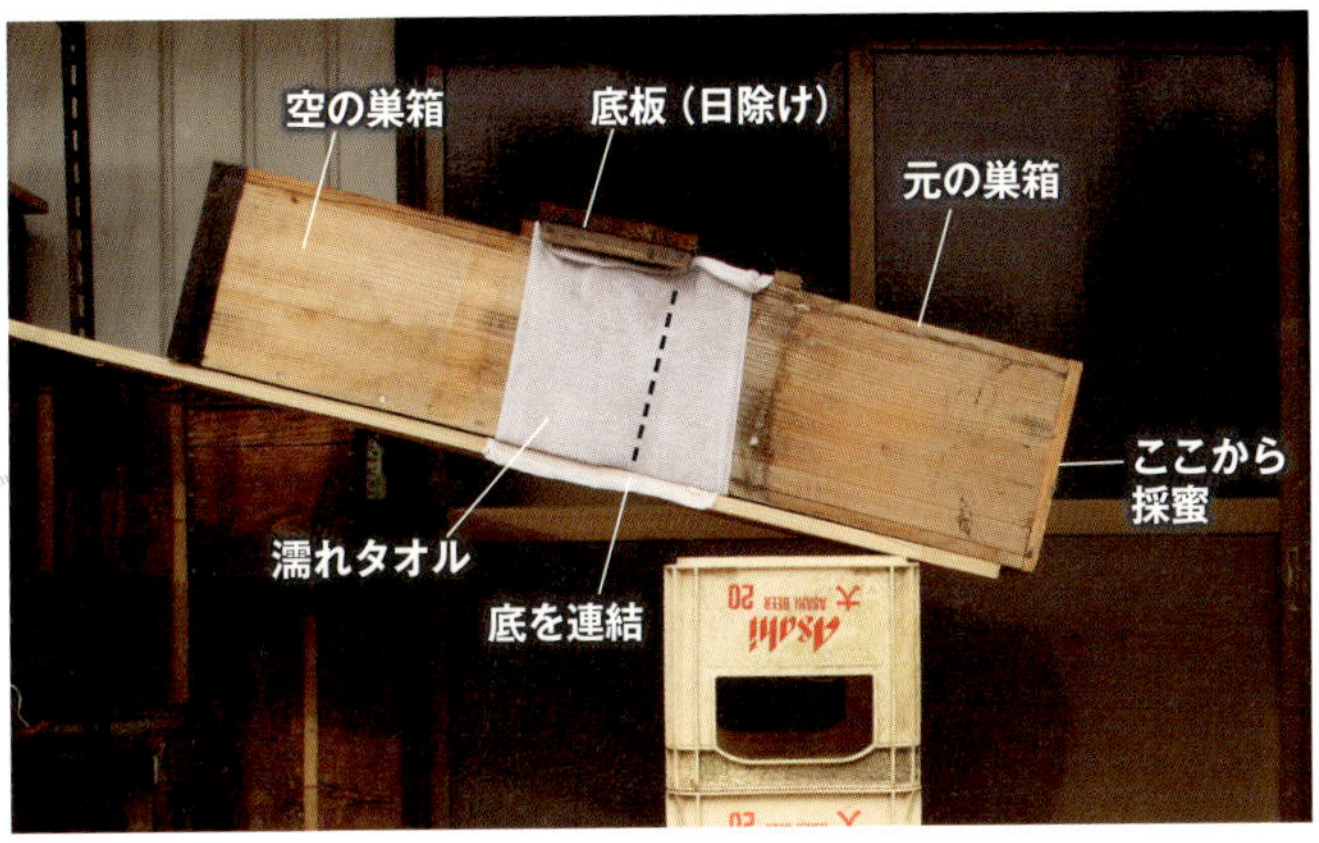

空の巣箱と元の巣箱の底板を抜いてつなぐ。連結部は濡れタオルで囲うとミツバチの移動がスムーズ

長いナイフで巣板を少しずつ切り出しながらミツバチを空の巣箱に追いやり、蜜ブタをはぐ

衣装ケースの中に網を固定した手作り濾し器に蜜の詰まった巣板を入れてフタをする。暖かい部屋に3日間ほど置いておくと、蜜が落ちきる

オーガンジー（薄い洋裁生地）をザルに被せ、搾った蜜を流して細かいゴミを除く

砂糖水をたっぷりやって冬越し

一番の楽しみはやっぱり採蜜。ミツバチの一年の働きに感謝しながら、天板を開ける瞬間が至福のひとときだ。

伝統的な日本ミツバチの飼い方では、秋に巣を丸ごと取り出して採蜜する。残ったミツバチは行き場を失い、冬を越せずに群ごと消滅してしまっていた。

でも、せっかく捕まえた群ならできるだけ長く飼いたい。最近では、群を新しい巣箱に移動させて、新しい巣箱に砂糖水を与えて冬越しさせる方法が広がっている。

山下さんもこの方法を実践。とくに気をつけているのは砂糖水の量。砂糖水は巣をつくるのに必要な蜜ロウの材料になり、冬越しのためのエサにもなるから相当の量が必要だ。巣箱ひと箱につき三〜四kgの砂糖を与える人が多いが、山下さんはなんと六kg！　採蜜直後から女王が産卵を休止する十二月の半ばまで、少しずつ毎日欠かさずやる。

このやり方なら、寒い福島の厳冬期にマグカップ一杯分まで減るミツバチも、山下さんの飼う多くの群は翌春の菜の花や梅の時期まで持ちこたえることができるそうだ。編

もうちょっと詳しく

か式巣箱　巣礎を使わない巣枠でハチがなじむ

長野・岩波金太郎

DVDでもっとわかる

筆者と「か式巣箱」。箱の外寸は、幅27.8㎝、高さ28㎝、奥行52㎝

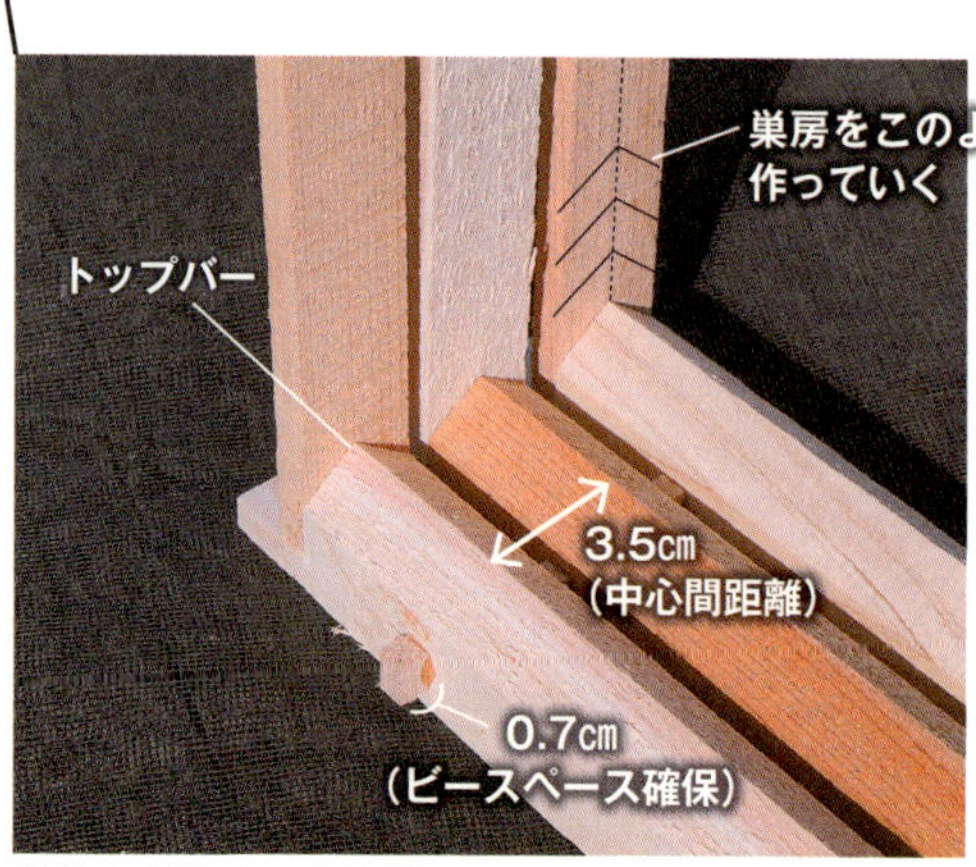

巣枠を上下ひっくり返したところ

巣枠式なのに人工巣礎を使わない

私は巣枠式の巣箱を独自の設計でつくり、「か式」巣箱と名付けました（かねたろうの頭文字から）。巣枠式なので内部を観察したり、分蜂させずに群を分割したりできますし、採蜜は巣枠を抜くだけなのでハチを傷めません。

「か式」の最大の特徴は、人工巣礎を使わないのでハチのなじみがいいことです。空洞の巣枠に一から巣をつくらせます。このやり方を自然巣枠式と呼んでいます。

日本ミツバチは、人工巣礎や針金を嫌います。巣礎の原料にはパラフィン等の不純物が含まれ、これがストレスの原因になっていると思います。しかも最近では、人工巣礎が病気やダニの温床になることも世界的にわかってきています。通気性の悪さが原因と推測されています。

また、日本ミツバチは厳寒期、巣板を壊しながら巣箱の中心部に集まって蜂球をつくり温めあいます。しかし人工巣礎は壊せず、巣礎で蜂群が分断されてしまい、保温に多くのエネルギーが必要となります。そのため貯蔵蜜の消費量が多く、ハチの消耗も激しいため寿命が短くなり、春の繁殖の伸びも悪くなります。

か式巣箱はこうしたミツバチのストレス要因がありません。そのため貯蜜量が多い、ハチミツがおいしい、ハチがおとなしい、ハチが健康などいいことずくめ。

か式巣箱の仕組み

巣箱設計上の大事なポイントは三つ。

● 巣枠の内幅一九・一㎝

針金や竹ヒゴなどの支えがなくても自然巣が落下しない最大の幅です。

● 三角形のトップバー

巣枠の内側上部には、トップバーという三角形の突起をつけます。これがあると、ハチは必ず三角の先端から巣枠に沿ってきれいに巣をつくっていきます。

● 巣板の中心間距離三・五㎝

野生群の巣では、巣板の中心から隣の巣板の中心までの距離は平均三・五㎝でした。これを再現できるよう、巣枠に突起をつけています。

か式の巣枠は、ラ式の巣枠の約半分の幅です。巣枠が小さいので貯蜜部と蜂児部が巣枠ごとにはっきり分かれ、採蜜のときは蜜が詰まった巣枠を取り出すだけなのでラクです。

（長野県諏訪市）

＊二〇一三年三・四月号「日本ミツバチの自然巣枠式飼育」

群を分割する

巣枠式巣箱なら、巣枠をいくつかの巣箱に数枚ずつ分けることで、分蜂させることなく群を分割できます。

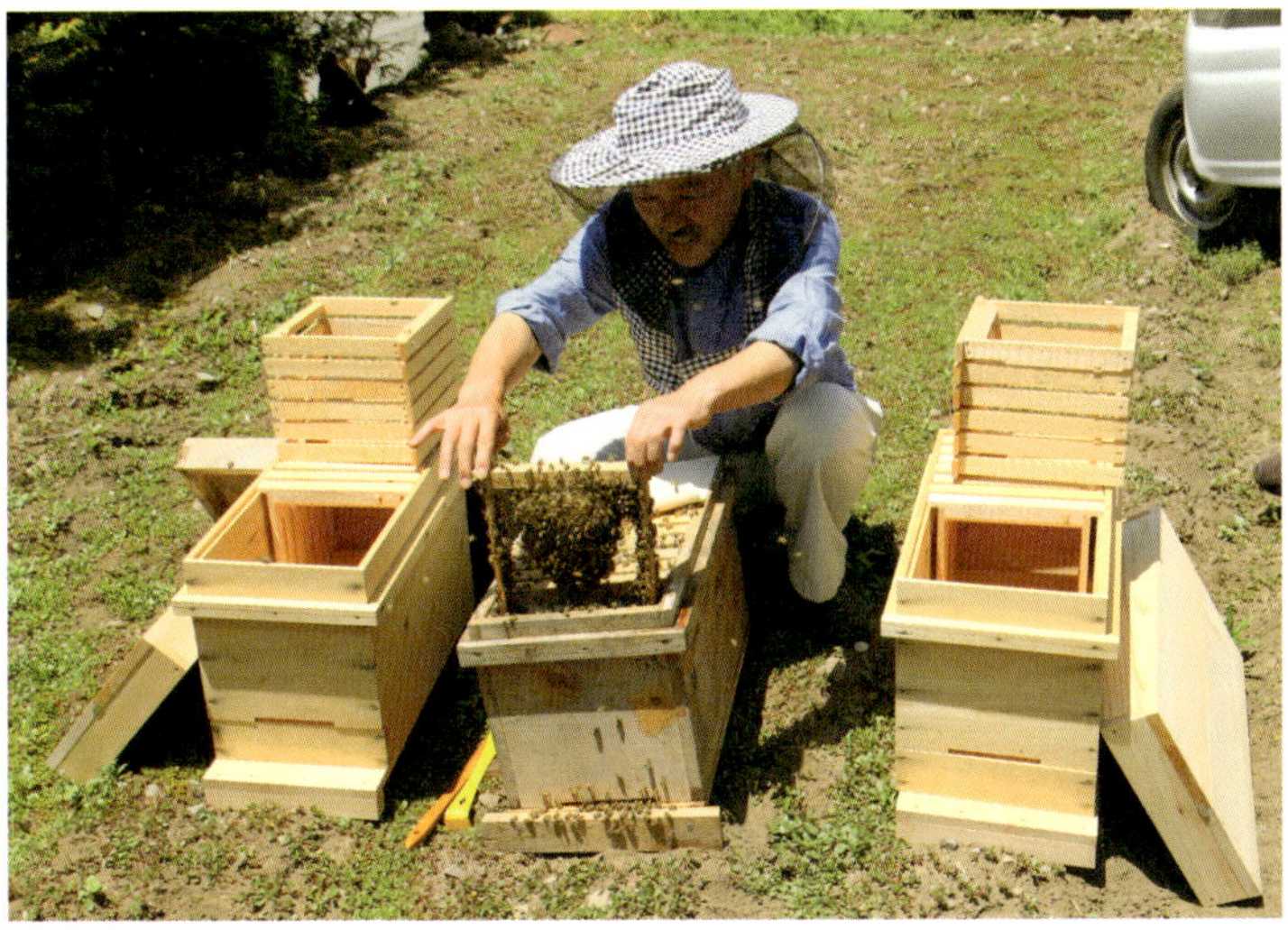

中央が元の巣箱。これから左右2つの空き巣箱に巣枠を入れていく

新しい巣箱に移す巣枠

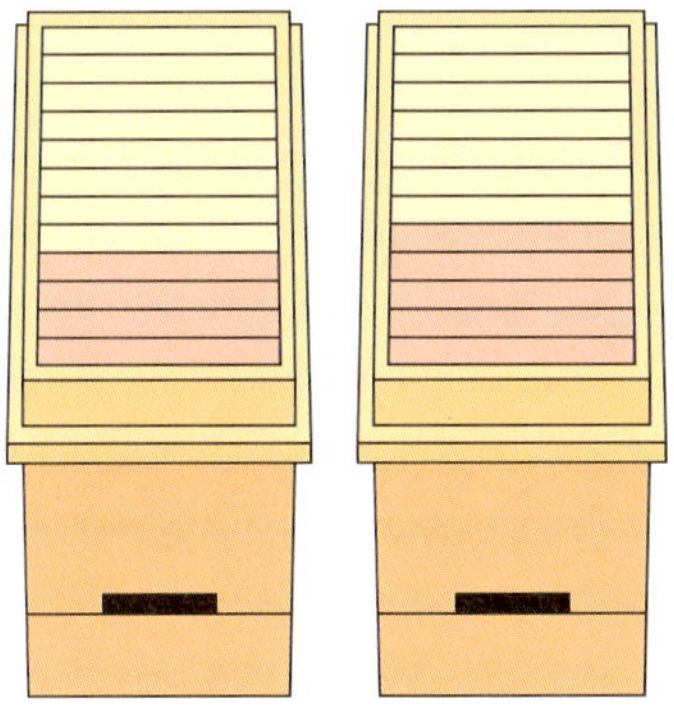

空き巣枠7〜8枚

・王台つきの巣枠
・蜂児が多い巣枠
・蜜が詰まった巣枠

元の巣箱から
4〜5枚移す

新女王が産卵を始めるまで10日以上かかるので、蜂児・蜜の詰まった巣枠を多めに入れておく

※新しい巣箱は、ハチが元の巣箱に戻るのを防ぐため、できれば2km以上離れたところへ運んで飼う
※王台が1枠に2個以上あったら、大きい王台を1つだけ残して他はつぶす（分蜂を防ぐため）

王台は巣枠の下端にできる。王台のフタが写真のように茶色くなったころが分割のタイミング。4〜5日後に女王バチが羽化する。

濃い黄色のフタがかかっているところはサナギ。周りには白い幼虫も見える

薄い黄色のフタがかかっているところには濃縮された蜜が詰まっている

※貯蜜部、蜂児部両方がある巣枠もある

元の巣箱に残す巣枠

空き巣枠9枚

・女王バチのいる巣枠
・蜜の少ない巣枠
など

3枚残す

もとの巣枠では女王バチが産卵を続けるので、蜂児は少なめでも大丈夫

ラクラク
か式巣箱の採蜜

巣枠式巣箱なら、貯蜜が進んだら搾る、貯蜜が進んだら搾るというこまめな管理ができます。ミツバチは集蜜・産卵・育児の意欲を常に持ち続けるので生産量が高くなります。

採蜜のとき、蜜の詰まった巣枠を抜く作業は2～3分ですみます。別の場所でゆっくり搾れるので、ミツバチやスズメバチに邪魔されません。

か式巣箱から蜜がたくさん詰まった巣枠を3枚取り、小さな箱に移して持ち帰る。巣箱ごと運ばなくていいから軽い

包丁を使って巣枠から巣板を外す。蜂児部があったら切り取って蜂児酒にする（61ページ）

貯蜜部を手でつぶしながら蜜濾し器（35ページ）に入れる。中には二重の金網が入っていて、自然落下で濾過される

ハチミツがガラスビンにたまる

飼育届を出そう

2013年に養蜂振興法が改正され、ミツバチを飼育する人は「飼育届」を提出することが義務づけられた。プロ（育てたハチやハチミツ等を販売する人）はもちろん、趣味で日本ミツバチを飼育している人も対象だ。改正前は、プロだけが届出の対象だった。届出を怠ると10万円以下の罰金が科されることもある。

ただし、作物の交配のために必要な期間だけ飼う場合や、研究室など密閉構造の設備で飼育する場合は提出しなくていい。また地域によっては、巣枠（巣礎や巣脾を張り繰り返し利用するもの）のない巣箱で飼い、ハチミツ等の販売をしていない人も提出しなくていい場合がある。

だが、日本ミツバチを飼育するなら飼育届を出したほうがよさそうだ。近頃は日本ミツバチでもアカリンダニや蜂児出し（サックブルード病）などの病害虫が問題になっているし、日本ミツバチはかからないといわれてきた法定伝染病のフソ病に感染した事例も、ごく一部だが出てきた。飼育届を出しておくと、病害虫で困ったときに家畜保健衛生所の検査を無料で受けられる。また、行政が地域の蜂群密度を把握することで、近隣で飼育している方たちとのトラブルを未然に防ぐこともできそうだ。

飼育届は毎年1月に提出する。市町村の農政課から指定の用紙をもらい、その年の1月1日の飼育状況、1年間の飼育計画を書いて出す。 編

住宅地では「糞害」にご用心

住宅地でミツバチを飼っていると、写真のように白い車や布団、シーツなど白っぽいもの目がけてミツバチが糞をしてしまい、ご近所から苦情がくることがある。玉川大学の養蜂家向けアンケート調査によると、育児が盛んになる3月～梅雨時期ごろ、巣箱の南～東南方向（巣門が向いている方角）に糞害が起こりやすい傾向があるという。調査では、巣門（巣箱）の向きを変えることで苦情が減った事例もあったそうだ。

岐阜県の安積保さんは、巣箱の近くに汚れてもいい白い布を垂らしている。ミツバチが白っぽいものに糞をするからだ。布全体が糞でびっしり汚れるが、おかげで他の場所に糞をすることが少なくなったという。 編

白っぽい車にミツバチの糞がべったり。洗ってもなかなか落ちない

安積さんの冬の巣箱置き場（23ページのハイブリッド巣箱）。右端に糞対策の白い布がかけてある

ハチを飼うときの道具

市販品は養蜂器具店で販売（連絡先は64ページ）

身に着けるもの

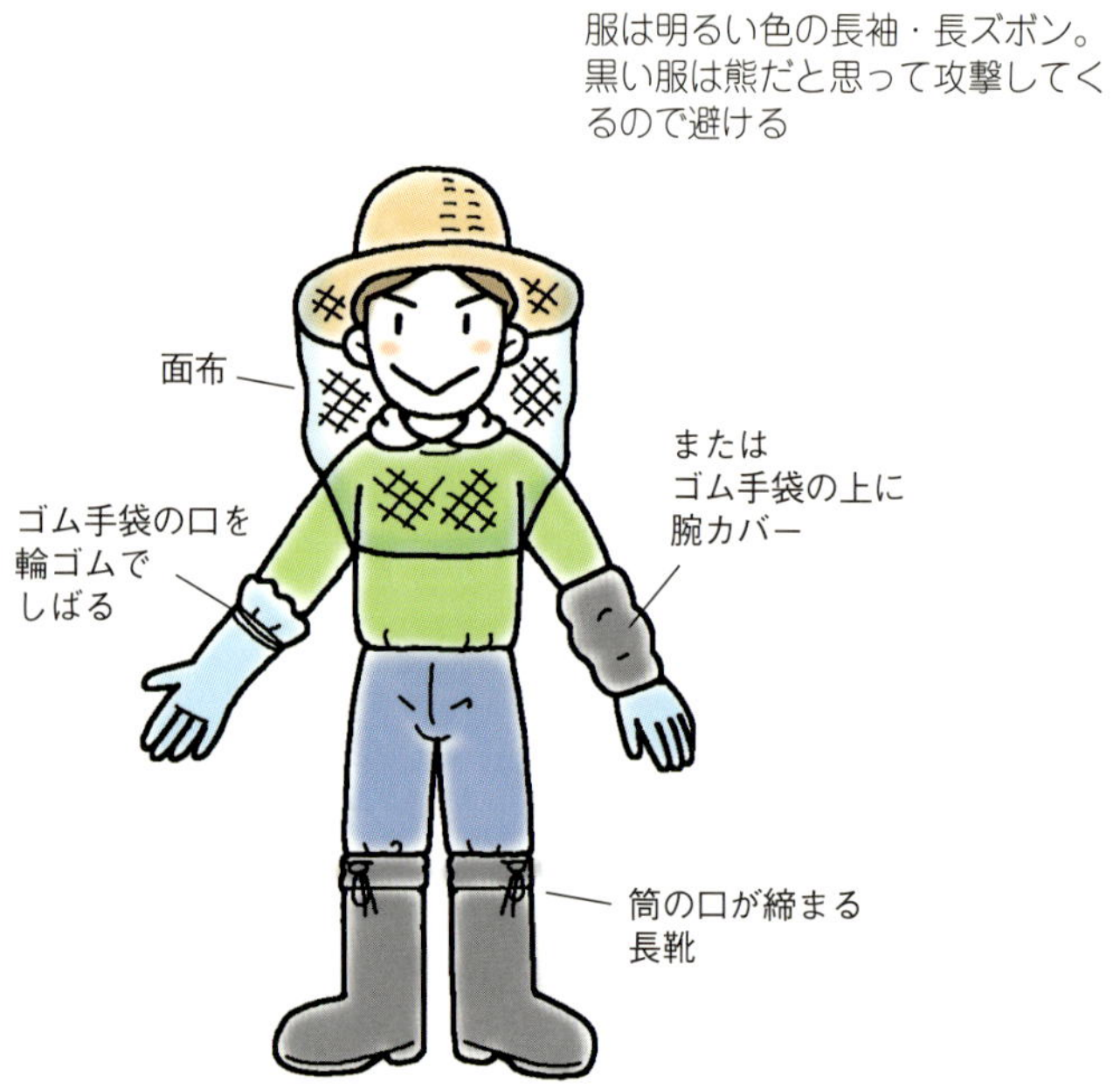
服は明るい色の長袖・長ズボン。黒い服は熊だと思って攻撃してくるので避ける
面布
またはゴム手袋の上に腕カバー
ゴム手袋の口を輪ゴムでしばる
筒の口が締まる長靴

ハチに刺されないよう、肌が出る場所がないようにする。ハチは上に這い上がる習性があるので、ズボンの裾や袖口など開いたところから侵入しやすい。ズボンの裾や袖口は手袋や長靴の中に入れて口を締めておく

面布

頭を守るネット。手持ちの帽子にかぶせるものや、帽子と一体になっているものなどいろいろなタイプがある。1200～3000円くらい

↑「金網面布」。金網が四角形にピンと張ってシワがよらず、巣の観察のときも視界良好

←帽子とネットが一体になった「ソ連式面布」。服に密着するのでハチが侵入しにくい

日頃の管理に使うもの

くん煙器

内検のとき、西洋ミツバチをおとなしくさせるのに使う。容器の中に麻布や枯れ葉などを入れて火をつけ、フイゴを押して巣枠の上から煙を吹きつける。おとなしい日本ミツバチには使わない（大西暢夫撮影）

ハイブツール

ムダ巣をかき取ったり、巣箱にこびりついたゴミをかき出すのに便利

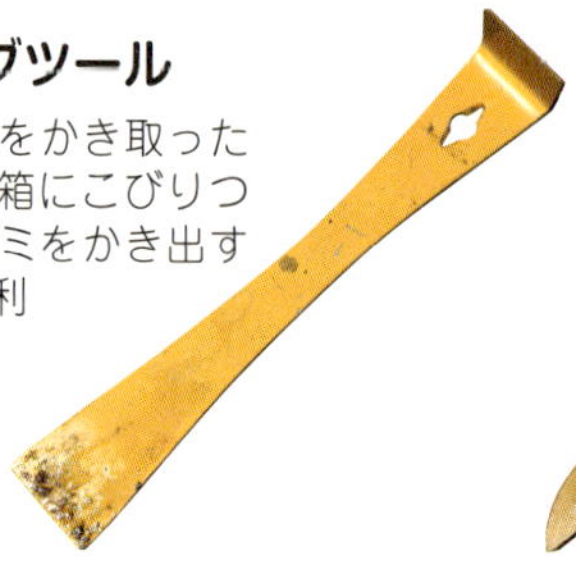

ハチブラシ

巣板からハチを払い落とすときに使う。柔らかい馬の毛を使用。毛が1列のタイプが当たりが優しく、デリケートな日本ミツバチに向く

調理用の大きなヘラ

愛媛の徳永進さんが愛用。巣箱の底のゴミをかき出したり、巣枠から蜜の詰まった巣をはがすときに使う。幅が広いので一気に広い面積を作業できる

手鏡

巣箱の底から鏡を入れると、巣の中の様子を見ることができる

採蜜に使うもの

パン切りナイフ

福島の山下良仁さんが自作。パン切りナイフの刃のギザギザをグラインダーでまっすぐにして、先端を曲げたもの。縦型巣箱から巣板を取り出すとき、曲がった部分で巣板を少しずつ切って引き出せる。蜜ブタを切ることもできる

蜜刀

蜜ブタを切り落とす刃の長いナイフ

遠心分離機

巣枠式巣箱で飼う人用。蜜ブタをはがした巣枠を入れてハンドルを回すと、巣枠が回転。遠心力で蜜が落ちる

高速脱水機で蜜を搾る

広島の二上雅幸さんは、日本ミツバチの蜜を搾るときに衣類用の高速脱水機を使う。強力な遠心力で、数分で蜜がしっかり搾り切れる。出てきた蜜は、上部に網のついたハチミツタンクに入れて1日おく。細かいゴミが上部に浮くので、蛇口からはきれいなハチミツが出る

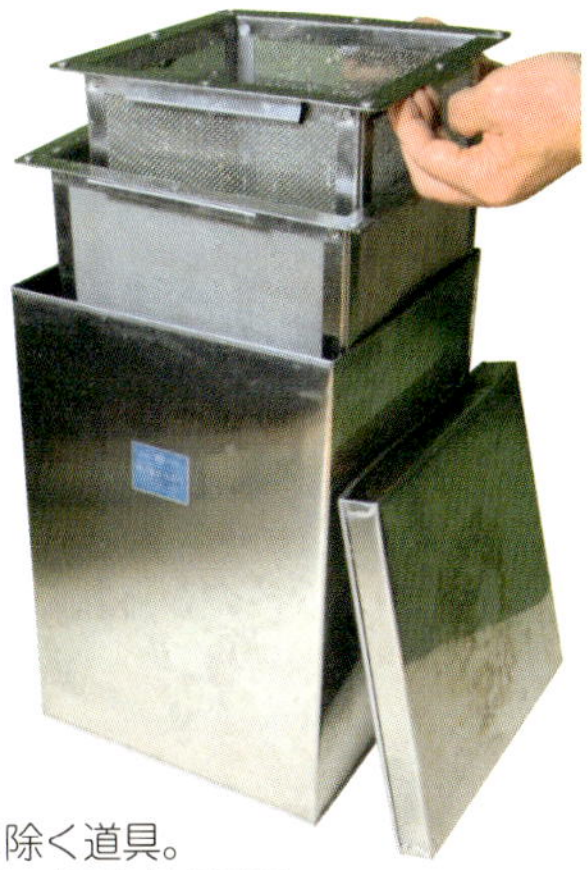

市販の蜜濾し器

搾った蜜からゴミを取り除く道具。小型から大型まであり、価格は7000～35000円。写真は岩波金太郎さんが使っている特大サイズ。中に二重の網が入っていて、巣板を入れると自然落下で濾過されたハチミツが底の出口から出てくる

衣装ケースの手作り蜜濾し器

山下良仁さんが自作。衣装ケースの中に二重網を敷いたもの（特許取得、販売中）。網の上に蜜ブタを切った巣板をのせ、フタをしておくと底にハチミツがたまる

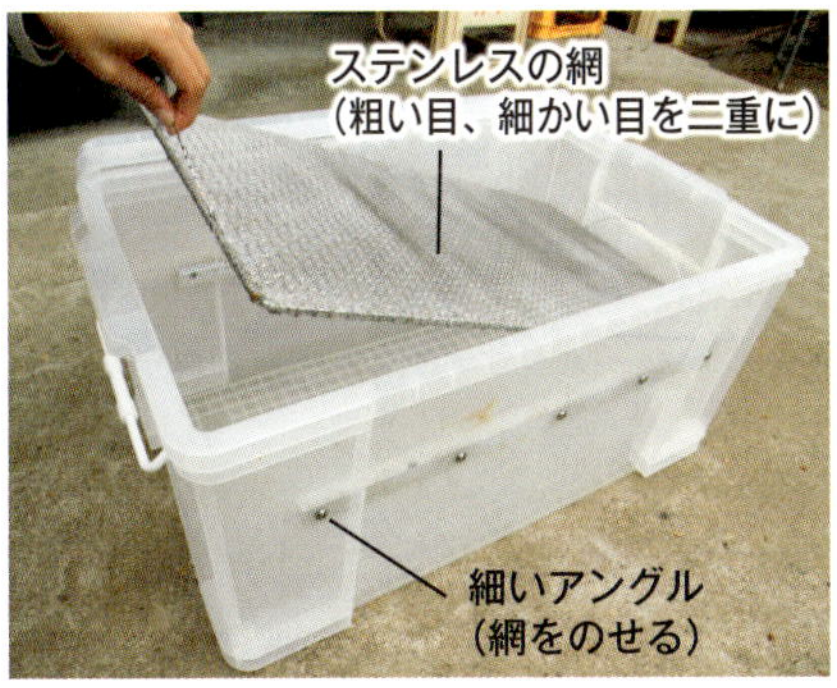

スズメバチ対策

〈横から見たところ〉

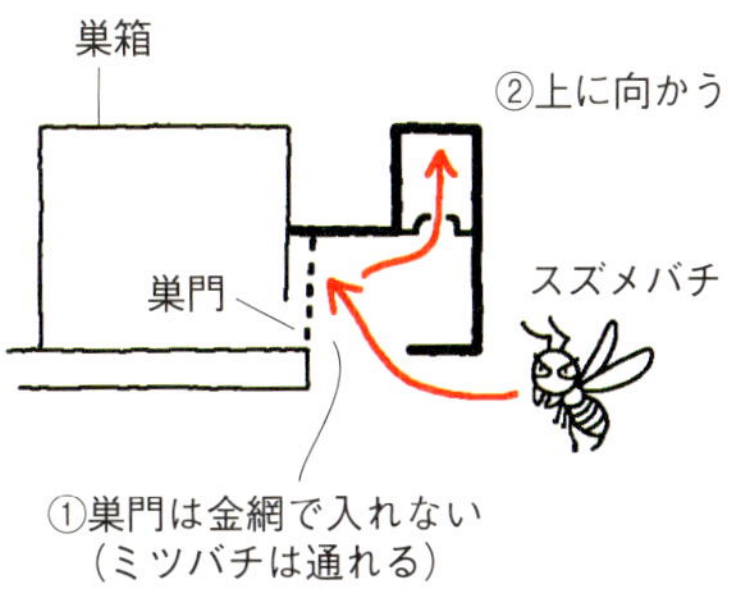

スズメバチ捕獲器

巣門の前に取りつける道具で、価格は4800円くらい。スズメバチが金網の下から侵入すると、巣門は金網で塞がれていて入れない。スズメバチは明るい場所に向かう習性があるので、下には戻らず上のトラップに入ってしまう

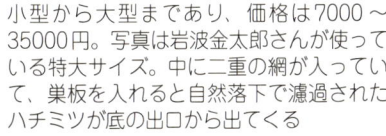

蜜源・花粉源になる花を探せ

ミツバチにとって、花は元気の源。幼虫や成虫のエサになる蜜（炭水化物等）や花粉（タンパク質等）が多くとれ

春

巣箱の中で越冬したミツバチが外に飛び出し、仲間を増やすために蜜や花粉を集める時期

ナタネ（アブラナ科）
3～4月

開花期間が1カ月と長く、ウメの花が終わらないうちから咲き始め、サクラの花が終わってもまだ咲いている。この花の蜜と花粉は、春先のミツバチにとって仲間を増やす大事なもの。蜜は、結晶化しやすいが、味はよい。

福岡県築上町で転作ナタネの多収に燃える大田孝さんは、養蜂家と協力して開花期のナタネ畑にミツバチを放す。すると、稔りにくいてっぺんの花まで結実し、増収する（倉持正実撮影、以下Kも）

サクラ（バラ科）
4～5月

「サクラが咲くとミツバチの餓死がなくなる」と言われるほど、蜜や花粉が豊富。高温の日には、たくさんの蜜を出す
（大西暢夫撮影、以下Oも）

ヒメオドリコソウ（シソ科）
2～5月

花が小さく蜜は少ないが、花粉は豊富。周りにナタネ畑がないところでは春の大事な花粉源になる。訪花したミツバチが足につける花粉団子は真っ赤

ニセアカシア（マメ科）
5～6月

花は1週間ほどだが、他の蜜源樹よりも蜜の量が多い。ミツバチ1群で50kgとれることもある。蜜は味も香りもよく、とても人気（O）

そのほか、春の蜜源・花粉源

ツバキ、タンポポ、レンゲ、リンゴ、モモ、クローバ、ミカン、カキなど

夏

梅雨が明けて真夏に入ると花が少なくなる。ミツバチにとっては苦しい時期

クリ（ブナ科）
6～7月

早生～晩生を含めると約1カ月、花が続く。蜜は赤黒く、香りにクセがある。だが、鉄分が多く、ビタミンやカルシウムが多い。貧血にもよいとされる

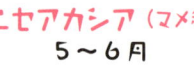

るほど、働きバチが増えて蜜をたくさん集められる。

　春と秋は花が次々咲くからいいが、意外と苦労するのが盛夏。花が少ないのだ。いろんな花からランダムに蜜を集める日本ミツバチはもちろん、一種類の花に集中する西洋ミツバチもエサ不足に陥る危険がある。

　蜜源や花粉源として有効な植物にどんなものがあるか、季節ごとに調べてみた。

秋

冬越しに必要な蜜や花粉を
集めて貯め込む時期

ソバ（タデ科）
9〜10月

秋の代表的な蜜源。蜜は色が黒く、香りは独特。ルチンが含まれ、鉄分が豊富。また、カリウムの含量は「他のハチミツの10倍」ともいわれる。
「石巻Beeプロジェクト」では、宮城県東松山市のイチゴ農家が冬〜春に使い終わったミツバチを、石巻市のソバ農家が借りてソバ畑に放している。おかげでソバは増収。ミツバチは元気にまたイチゴ農家へ帰っていける（K）

そのほか、秋・冬の蜜源、花粉源
ハギ、コスモス、サザンカ、茶、ビワ、ウメ等

市街地の冬の花

暖かい地域では、冬にミツバチが飛び回ることもある。兵庫県神戸市で果樹園を経営する小田隆司さんの飼う日本ミツバチは、住宅地の庭に植わっているツバキなどから蜜や花粉をとってくる

セイタカアワダチソウ（キク科）
10〜11月

耕作放棄地や河川敷などでよく見かける、秋の重要な花粉源。気温が低いと蜜をあまり出さないが、高いと秋に採蜜できるくらいに蜜がたくさん出る

オオハンゴウソウ（キク科）
7〜9月

どんなところでもはびこる、北米から来た帰化植物。ミツバチにとっては貴重な夏の蜜源であり、花粉源。開花期間は1カ月と長い

アレチウリ（ウリ科）
8〜10月

ダイズ農家にとっては強害雑草として悩ましい植物。だが、クリーム色の花からは、味のよい蜜がとれる

ヒマワリ（キク科）
7〜8月

クリが終わると花が少なくなるが、そのときの貴重な花粉源。蜜もとれる

そのほか、夏の蜜源、花粉源
ナシ、トチノキ、ソヨゴ、クロガネモチ、ユリノキ、アルファルファ、シナノキ、ヤブカラシ、サルスベリ、クズ等

外敵・病気・対策

ダニ

西洋ミツバチの大敵であるダニ（ミツバチヘギイタダニ）には、アピスタンとアピバールという二種類の薬剤がある。

養蜂家は、ダニが抵抗性をもたないように、春先にはアピスタンを、秋口にはアピバールをという具合に使い分けているが、すでに「アピスタンは効かなくなってきている」という声もある。アピバールは比較的新しい薬剤で春や秋にはよく効くが、なぜか夏は効き目が落ちる（メーカーも春か秋の使用を勧めている）。

ダニ対策は、春・夏・秋に年三回は必要。同じ薬剤を繰り返し使って抵抗性がつくのを防ぐためにも第三の対策が求められている。

乳酸

岩手県奥州市の佐藤和一郎さんは、夏のダニ防除に三年間、乳酸を使ってきた。一五％の濃度の乳酸液を一群当たり一回に一〇〇cc散布。それを一〇日ごとの内検のたびに行なう。巣板一枚ずつ散布するのは面倒だが、ある程度効果はある。しかし、真夏になるとダニの繁殖のほうが旺盛になり効果が落ちることがあって使用を断念。やむなく現在は、春と夏はアピスタン、秋はアピバールを使っている。

蟻酸

蟻酸は乳酸よりも効果が期待できるようだ。専門メーカーから濃度七〇％ほどの蟻酸が比較的安く販売されているが、強い酸性なので取り扱いには注意が必要だ（ゴム手袋とマスク、ゴーグルなどを着ける）。

兵庫県の俵養蜂場では、蟻酸をゲル状に固めて扱いやすくした「蟻酸パテー」という資材を販売している（蟻酸の濃度は約四〇％）。巣箱内に置くと蟻酸が揮散してダニに作用する。

俵養蜂場によると、使用する際はミツバチの幼虫がいない時期を狙う。成虫に付いたダニに効かせることがポイント。幼虫がいてダニが付いていると、巣房の中までは蟻酸が届かないのでダニが生き残ってしまう。成蜂に付いたダニを落とすためには蟻酸の効力が一定期間続く必要があるが、蟻酸パテーは一週間程度は有効という。

使用の適期は、春の産卵開始時期と、晩秋の産卵が停止してから、そして初夏の分蜂後、新女王が交尾して産卵を始める前までの間だ。このチャンスを逃さずに使うと効果が期待できるそうだ。

◆俵養蜂場では蟻酸パテー（一個五〇〇円）のほか、粉糖を使ってダニの寄生率を調べるシュガーロールセット（一セット一〇〇〇円）なども販売している。問い合わせ先は六四ページ

スムシ（巣虫）とは、ハチノスツヅリガというガの幼虫。すばしっこいガで、夜になると巣の中に入って卵を産みつける。幼虫にとってはミツバチの巣（蜜ロウ）がエサで、ゴソゴソと巣を食い散らかして歩く。大きいのは二㎝にもなる。そんなのがいるようだと巣はもうボロボロ。すぐにハチも住めなくなってしまう。西洋ミツバチより日本ミツバチのほうが被害を受けやすい。

巣門を小さくして防ぐ

茨城県常陸大宮市で交配用の西洋ミツバチを飼う大越望さんのスムシ対策は、群の大きさに合わせて巣門の穴の大きさを調整すること。

ミツバチの巣には門番役の働きバチがいて巣を守っている。群が大きければ門番もたくさんいるからガの侵入は阻止できる。しかし門番が少ないと入られてしまう。

そういうときは巣門を小さくしてやる。段ボールの切れ端などで巣門の隙間を狭めてやればいい。だいたい巣板三枚の群なら広さは三㎝、四枚群なら四㎝。そうやって調整すればスムシも入りにくくなる。

＊二〇〇九年七月号「大越さんにきく交配バチ飼いならし術」

巣門に段ボールなどを詰めてスムシの成虫が入るのを防ぐ（倉持正実撮影）

巣箱の底板をはずす

長野県下條村で日本ミツバチを飼う髙島洋一さんのスムシ対策の一つは巣箱の底板をはずす方法。発泡スチロールやブロックで作った足をはかせて直接地面の上に置く。地面で土と混じった巣クズにはスムシは産卵しない。

ちなみに、メンガタスズメガ対策には巣門を縦長にするとよいとのこと。

＊二〇一二年七月号「夏のスムシ・スズメガ・スズメバチ対策」

巣箱の底の温度・湿度を低めに

日本ミツバチを飼う岩波金太郎さんによると、温度、湿度が高いとスムシの成

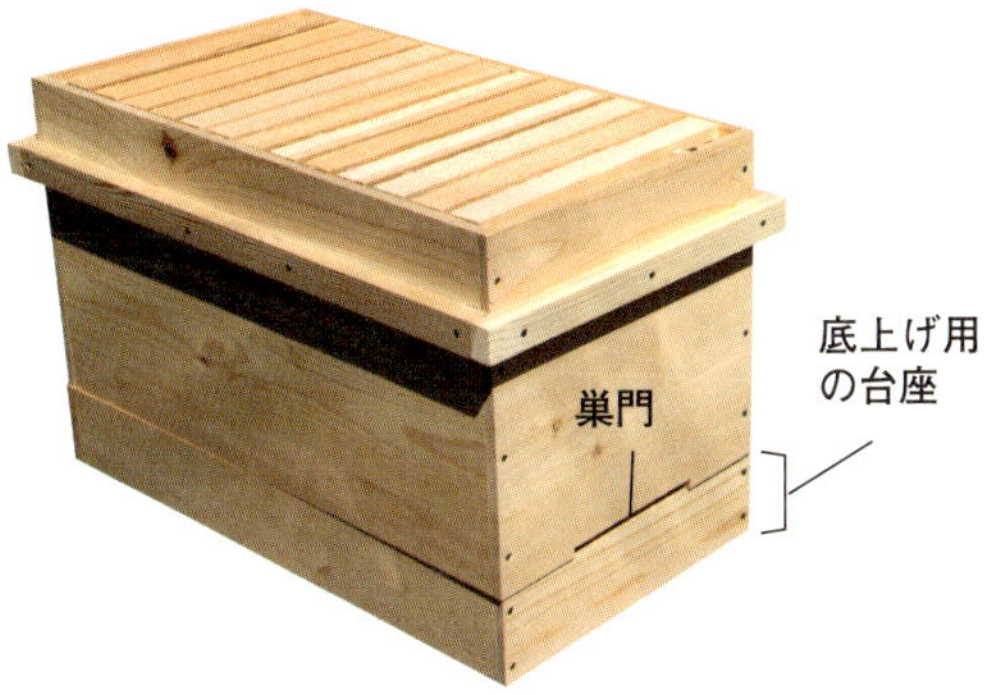

岩波さんの「か式巣箱」。
台座を置いて巣板と底板の距離を広げた

長・増殖の循環が早くなる。反対に温度、湿度が低いと、産卵されても幼虫の成長がにぶいので被害が少ない。また、ハチの数が多い強勢群では、働きバチがスムシの幼虫をすぐに見つけて下に落とすので被害は少ない。

　スムシが生息するのは巣クズがたまる巣箱内の下部。したがってまず、この部分の温度や湿度を下げることが大切。働きバチがつくる蜂球の温度は常に三五度と暖かいので、スムシの産卵場所になりやすい底板と巣板の距離をできるだけ離し、底板周辺を涼しくする。それには巣箱の下に空箱を入れて底上げしたり、底板をはずして台座を付けたりするとよい。木陰の涼しいところに巣箱を設置することも有効。また、細かい目の金網を底板の代わりに使ったりして、巣箱下部の通気をよくする方法もよい結果が出ている。

　スムシの生育を阻止する微生物資材「BT-401」（BT剤）も販売されている。西洋ミツバチを対象にイギリスで開発された薬で中身はバチルス菌の生菌だ（二二〇㎖・巣脾七〇〜一〇〇枚分で三〇〇〇円）。問い合わせは前記の俵養蜂場まで。

＊二〇一三年八月号「スムシ、なんとかならない？」

粘着ネズミ捕りシート

　静岡県浜松市の袴田《はかまだ》治克さんは、日本ミツバチを趣味でたくさん飼っている。以前の最大の悩みはスズメバチだった。ヤツらは巣門のところで次々にミツバチを攻撃。本当に巣が全滅したこともあるほどで、じつに悲惨な光景だった。コップ何杯ものミツバチの死骸を片づけるのは辛い作業だった。

　だが今は違う。巣箱の上に真っ黒い大きなネズミ捕りシートを広げて、おとりのスズメバチを二匹くらい置いてみると、飛んできたスズメバチが必ずその上にいったん下りることがわかった。ネズミが動けなくなるほどの粘着力。力強いはずのスズメバチだが、もがけばもがくほどシートのネチャネチャにくるまれていき、やがて力尽きる。

＊二〇〇九年十一月号「出た！ミツバチをスズメバチから守る決定打、粘着ネズミ捕りシート」

「これでスズメバチ対策は完璧だよ」と袴田さん。シートは巣箱の上に1枚置けばよい（赤松富仁撮影、左も）

発酵ドリンクで女王を駆除

　長野県の髙島洋一さんは、五月、スズメバチの女王が営巣のために飛びはじめたら、巣箱から家一軒分くらい離れたところにスペシャル発酵ドリンク（擬樹液）をまいて呼びよせ、捕虫網で捕獲、焼酎漬けにする。夏以降群れ一群を駆除するのは大変なので、五月に女王だけを駆除するほうがラクで確実。

　発酵ドリンクの材料は、水一升、砂糖

郵便はがき

おそれいります
が切手をはって
お出し下さい

1078668

（受取人）
東京都港区
赤坂郵便局
私書箱第十五号

農文協
http://www.ruralnet.or.jp/
読者カード係 行

◎ このカードは当会の今後の刊行計画及び、新刊等の案内に役だたせていただきたいと思います。　はじめての方は○印を（　）

ご住所	（〒　　－　　） TEL： FAX：
お名前	男・女　　歳
E-mail：	
ご職業	公務員・会社員・自営業・自由業・主婦・農漁業・教職員（大学・短大・高校・中学・小学・他）研究生・学生・団体職員・その他（　　）
お勤め先・学校名	日頃ご覧の新聞・雑誌名

※この葉書にお書きいただいた個人情報は、新刊案内や見本誌送付、ご注文品の配送、確認等の連絡のために使用し、その目的以外での利用はいたしません。

● ご感想をインターネット等で紹介させていただく場合がございます。ご了承下さい。

● 送料無料・農文協以外の書籍も注文できる会員制通販書店「田舎の本屋さん」入会募集中！
案内進呈します。　希望□

■毎月抽選で10名様に見本誌を１冊進呈■（ご希望の雑誌名ひとつに○を）

①現代農業　②季刊 地 域　③うかたま

お客様コード □□□□□□□□□□

17.12

お買上げの本

■ご購入いただいた書店（　　　　　　　　　書店）

●本書についてご感想など

●今後の出版物についてのご希望など

この本をお求めの動機	広告を見て（紙・誌名）	書店で見て	書評を見て（紙・誌名）	インターネットを見て	知人・先生のすすめで	図書館で見て

◇ 新規注文書 ◇　　郵送ご希望の場合、送料をご負担いただきます。

購入希望の図書がありましたら、下記へご記入下さい。お支払いはCVS・郵便振替でお願いします。

（書名）	（定価）¥	（部数）　部
（書名）	（定価）¥	（部数）　部

粘着ネズミ捕りシート（1枚100円くらい）に捕まったスズメバチ。スズメバチは黒いものに向かってくる性質があるから「なるほど、粘着シートは黒色がいいのか」と思ったが、袴田さんによると「白いシートでもよかった」そうで、「色よりも、おとりのスズメバチが大事」とのこと

五〇〇g、ハチミツをスプーン二〜三杯、蜜を搾った巣のカス、ヤクルト一本、食酢。二〜三日置いて発酵させる。

＊二〇一二年七月号「夏のスムシ・スズメガ・スズメバチ対策」

巣箱を高い台に置く

夏場にやって来る外敵の中でもいちばん怖いのがガマガエルだという大越望さん。夜になると巣箱の前に来てペロッペロッと食べてしまう。まず門番が食べられる。すると巣箱のなかで、なんだなんだと、次々に働きバチが出てきては、みんな食べられてしまう。一晩で二〇〇〜三〇〇匹は食べる。

ガマガエルの対策は巣箱を三〇㎝以上高い台に載せること。これで届かない。

＊二〇〇九年七月号「大越さんにきく交配バチ飼いならし術」

チョーク病

ヒノキやワサビの成分が効く

梅雨時期から初夏にかけて発生する病気で、ミツバチの幼虫が文字どおりチョークみたいにカチカチに固まってしまう。症状が軽ければ、巣箱の中にヒノキの葉を一枚入れておくだけでも効果がある。また、ヒノキから抽出したヒノキチオールがすごく効くという話もある。

ふだんはヒノキやスギの葉、症状がやや重いときは「ワサガード」でうまくいったというのは佐藤和一郎さん。ワサガードというのは、ワサビの成分（アリルイソチオシアネート）を利用して冷蔵庫内の食品の保存性を高めるために開発された、直径一〇㎝、高さ五㎝ほどの円柱状の製品（㈱虎変堂　TEL〇九二―九四二―三〇八一）。五〇〇ℓの冷蔵庫に一つ（五〇〇円）入れれば効果は約六〇日続くという。佐藤さんはこれを二〜三枚に薄く切って一つずつポリ袋に密封。使うときには切れ目を入れてから巣箱の底に置く。

注意が必要なのは、巣箱に通気用の窓がある場合。揮発したワサビの成分が窓から抜けてしまうので、クラフトテープなどで目張りするとよい。

大越望さんのチョーク病対策は、巣箱の中にヒノキの葉を１枚

西洋ミツバチと日本ミツバチ 混合飼育で外敵対策

長野・岩波金太郎

日本ミツバチと西洋ミツバチを混合し、一群として飼うと、両者の短所が補われ、集蜜量が多く、スムシ・ダニ・病気知らずという夢のようなハイブリッドな群が出来上がります。

日本ミツバチ群に西洋ミツバチを加えてやると、スムシを退治してくれ、日本ミツバチを西洋ミツバチ群に加えてやると、日本ミツバチが西洋ミツバチの体表についたダニをグルーミング（体の掃除）により退治してくれます。しかも日本ミツバチの持っている抗菌性のためか、室内温度が上がるのか、病気知らず薬品要らずの、オーガニックな集蜜量抜群の西洋ミツバチ群が出来上がるのです。

混合飼育をするには、両種は、巣房の

2種が１つの巣に同居し、巣箱内の温度を下げるために扇風行動をしている。習性として日本ミツバチは頭を外に向け、西洋ミツバチは頭を巣の内側に向けて羽を動かす

大きさが違いすぎて（西洋働きバチが約一二％大きい）、飼育方法を共通のものにしづらいという問題がありました。しかし、私が開発した「か式」の巣箱・巣枠（三〇ページ参照）を両種の飼育に使えばそれが解決できます。

「か式」巣枠を用いて西洋ミツバチにも自然巣を作らせて生活させると、なぜか二〜三カ月でだんだん小型化したハチが生まれてくるようになります。巣房も小さくなり（日本ミツバチとの差一二％↓六％）、両種の巣房が同じ大きさに近づくことで、混合後もオスバチ産卵に偏ったり、発育不全に陥ることなく、健全に蜂群を維持できるようになりました。

成功させるポイント

これまでに両種の混合を試みた多くの方は、ときどきうまくいっても、これなら確実という決め手を欠いていたのだと思います。とくに西洋ミツバチを神経質な日本ミツバチ群へ混合する場合は難しかったと思います。でも、じつは簡単にうまくいく作業時のポイントがあるんです。

・暖かくて、意識が蜜源に向かっている時期に行なう。とくに分蜂前後はなじみがよい。
・作業前に両群のニオイをなじませる。二〜三日前からお互いのハチミツを吸わせたり、同じハーブ精油のニオイを与える。
・混合する巣房の中は卵のみの状態で。卵を産み付け始めてから三日以内。
・蜜を交換しておく。冬前にハチミツの貯まった両群の巣枠を交換しておくと、冬の間に両群のニオイがなじむ。

＊二〇一二年七月号「ついにできた！西洋ミツバチと日本ミツバチの混合飼育」

外敵に対する強みと弱み

日本ミツバチ

ダニや病気に強いが、スムシには弱い

西洋ミツバチ

スムシに強いが、ダニや病気には弱い

畑で働く交配バチ

イチゴの花の豊富な花粉を取りに来たミツバチ。タンパク源となる花粉を足でガサガサ取るときに、花粉が雌しべについてイチゴは受粉する。だが、イチゴの花には蜜がないので、長期間ハウスに入れるときは、砂糖水などを別に与える必要がある（赤松富仁撮影）

大越望さんが育種した甘くて大きいイチゴ「京紅」（倉持正実撮影、以下も）

DVDでもっとわかる

さすが、ハチ飼い40年のイチゴ農家

冬場でもハウスのハチは弱らせないよ

茨城県常陸大宮市・大越 望さん

大越望さん（七五歳）といえば、『現代農業』誌上では有名なイチゴ名人。「石灰防除」「ランナー挿し」などコストをかけない仰天小力技術を次々編み出してきた。だがじつは、大越さんはイチゴと同じくらいミツバチにも詳しい。交配用の西洋ミツバチを四〇年以上も自分で飼い続けている。イチゴ名人でミツバチ名人、そんな大越さんだからわかる、冬場のハウスでミツバチを少しでも弱らせない方法を聞いた。

巣箱の置き方

巣箱をサイド際に置くとハチが弱る

巣箱を置く場所は大事。うちは全部で一一棟（単棟）あるけど、どのハウスも入り口から五mくらい入ったとこ

巣箱を持つ大越望さん。巣箱はハウスの入り口（写真では手前）から5m、真ん中のベッドに置く。パイプでウネ上30㎝ほどの高さに上げて。巣門は南向き（裏側）

ろに置いてる。両サイドからはちょうど真ん中。そのあたりが、ハチがいちばん弱らない場所だと思う。

　収穫するのに邪魔だからって、よくハウスの出入り口付近やサイド際に置く人もいるけど、夜は冷えるでしょ。真ん中に比べると二度くらい低いし、湿気もたまりやすい。それでハチも弱っちゃう。ハチは温度に敏感だからね。

ハチを使い回すときは、同じ構造のハウスへ

　それと、本当はよくないんだけど、ハチ不足のときなんかは二日はこっちのハウス、二日はあっちのハウスって使い回さないといけない場合が出てくるね。でもハチは、巣箱の場所が変わると戻れなくなっちゃうの。巣箱は一日三〇㎝以上動かすなって言われるほど。もし動かすんだったら、なるたけ同じ構造のハウスで、同じ場所に置くこと。

巣門は朝日が早く当たる南東向きに

　向きも考えたほうがいいね。南北ハウスならハチが出入りする巣門は南側。東西ハウスなら東側。太陽光が巣門に早く当たるから、九時にはハチがブンブン出勤して、花にたかってるよ。でも、北や西に向けた場合は、なかなか太陽光が当たらないから、出勤時間はおそらく十一時ごろだろうね。ハチは太陽光（紫外線）を頼りに外に出るからね。イチゴの大切な媒酌人（ミツバチ）なんだから、ちゃんと働いてもらわないと。

防除のとき

冬場、ハウスの外に出すときは巣門を閉める

　クスリをかけるときは巣箱を外へ出すでしょ。このときよく巣門を開けたままにする人がいるけど、あれはダメ。だって巣門を開けておくと、冬でも天気がいい日はハチが外に出る。出るときはいいよ。体温があるから飛べるけど、でも帰ってくる頃は寒さで体温が下がって飛べなくなっちゃうの。それで死んじゃうのが多い。

　だからハウスより外のほうが気温が低い季節は、巣門は閉めて毛布でくるんでやる。閉めきっちゃうとハチは居心地が悪いと思うかもしれないけど、それは人間が勝手に思っているだけ。うちのほうだと一週間閉めてても ぜんぜん問題ないよ。むしろそのほうが安心。

毛布でしっかりくるむ

　せっかく女王バチがせっせと卵を産んでも、低温に遭うと働きバチも幼虫もやられち

左のジョウロは給餌器に砂糖水を入れるときに使う

巣板の蜜がなくなったら給餌器に砂糖水を入れる（※巣箱が開けられない購入バチを使用する場合は、砂糖水を器に入れ、ミツバチが溺れないようにワラなどを浮かせて、巣門の前に置くといい）

外に出すときは巣門を閉める

ゃう。巣箱を地面に置くと底から冷えるから、毛布は被せるだけじゃダメ。底もしっかり風呂敷みたいに包んでやる。

巣を観察

群の大きさに合わせて巣板を減らす

ハチはイチゴの一番花が咲き始める十月下旬に入れるんだけど、ハウスは外と環境が違うから落ち着くまで一週間くらいかかる。このときに死んじゃうハチが多い。落ち着いたら一回巣箱を覗いてみるのも大事だね。

たとえば六枚群の箱で、ハウスに入れる前は一枚一枚の巣板にびっしりハチがたかっていても、ハウスに入れて少したってから見ると、まばらになってることが結構ある。そのまま冬に突入しちゃうとハチが弱るから、そういう場合は巣板を一枚抜いてやったほうがいい。ハチの数に見合った部屋数（巣板）じゃないと温度を一定に保てないからね。

働きバチはね、寒くなるとみんなで集まって部屋を暖めるんだけど、余計な部屋がいっぱいあると、あちこち動くから温度が一定に保てなくなる。そうすると働きバチは寒さで死ぬし、卵が孵化できなくて、群がどんどん減っちゃう。

エサ不足になっていないか

巣箱の中の蜜がなくなってないかも見る。ミツバチは箱の端の巣板に蜜を貯めていくんだけど、巣板に蜜がなくなったら給餌器に砂糖水を入れてやる。

砂糖水の作り方は、まず一斗缶に一五kgの白砂糖と水を八分目まで入れて、最後に塩を小さじ一杯。ハチも塩分が必要なの。一斗缶ごとガスコンロにのせてグツグツ沸騰するまで溶かす。いちど沸騰すると砂糖が固まらなくなるからね。

巣箱の中の給餌器には一升入るけど、二晩もするとなくなっちゃうよ。働きバチが砂糖水を一気に飲んで、体の中でハチミツに変えて、巣板にどんどん貯めていくからね。その巣板の蜜がなくなったら、また砂糖水を入れてやる。

◇　◇

ミツバチってほんとうにかわいいんだよ。ハウスで巣箱の前に座って見ていると、一生懸命働いて戻ってくるときに、フーフー言いながら巣箱の前で一息つくのがいる。ちょっと休憩して、また巣箱に戻る。命令もしてないのに自発的にあれだけ働くんだよ。そんな姿がかわいくてしょうがない。自分ももっとがんばらないとって思う。編

＊二〇〇九年七月号「大越さんにきく　交配バチ飼いならし術」

交配バチが減る原因とその対策

群馬県ミツバチ飼養管理セミナーより

横田 学

全国的にミツバチ不足に見舞われた二〇〇九年、群馬県では交配バチの飼養管理技術の向上を目的に、県養蜂協会の福田寛治氏を講師に迎え、セミナーを開催しました。以下、その講演要旨より、ミツバチが減る原因とその対策について紹介します。

秋、高温でハチが減る

ミツバチを利用する上でいちばん大切なのは温度管理である。一八～二四度が最適な温度。巣箱を導入した直後にハウス内の気温が高いとダメージを受けることが多く、数日間で三分の一程度まで減少してしまうことがある。

ミツバチは気温によって活動するハチが異なり、老いたハチは早朝の低い気温帯から活動を開始するが、高温になると消耗が激しくなって先に死んでしまう。生産者が作業する昼間は、若いハチが活動していることから、ハチ減りに気づかないことが多い。

ミツバチは冬場の低温にも影響されるが、秋、ハウスにハチを入れた直後は高温にならないように、ことさら気を配ってほしい。

内張りカーテンの上に取り残される

ハウス内の気温が二五度以上になると、ハチの習性から天井近くを飛ぶようになる。夜間の保温に天井カーテンを閉めてしまうと、カーテンの上に取り残されて戻れなくなるハチがでてくる。

また、天井カーテンを閉める時に露が落ちるため、それに驚いたハチが天井に飛んでいってしまい、同じように戻れなくなってしまう。戻れないハチは凍死してしまうため（図1）、帰り道を確保してあげなくてはならない（図2）。

サイド換気の高さに置くのも大事

また、ミツバチは光が通るビニールなどが見えないことから、巣の入り口の前方にビニールがあると、ぶつかって戻れなくなってしまう。巣箱の出入り口とハウスサイドの開閉部が同じ高さになるように台の上に置くなど、巣箱の設置場所を考える必要もある（図3）。

巣箱をサイドに設置した場合は、温度変化が激しいので、のり巻きのように巣箱を毛布でくるみ、ヒモで縛っておくとよい。毛布は熱を遮断するので、暑くなっても寒くなっても、巣箱内の温度を一定に保てる。

（群馬県蚕糸園芸課）

＊二〇〇九年十一月号「交配ミツバチを長生きさせる管理法」

図1　内張りと外張りの間に閉じ込められて死ぬ

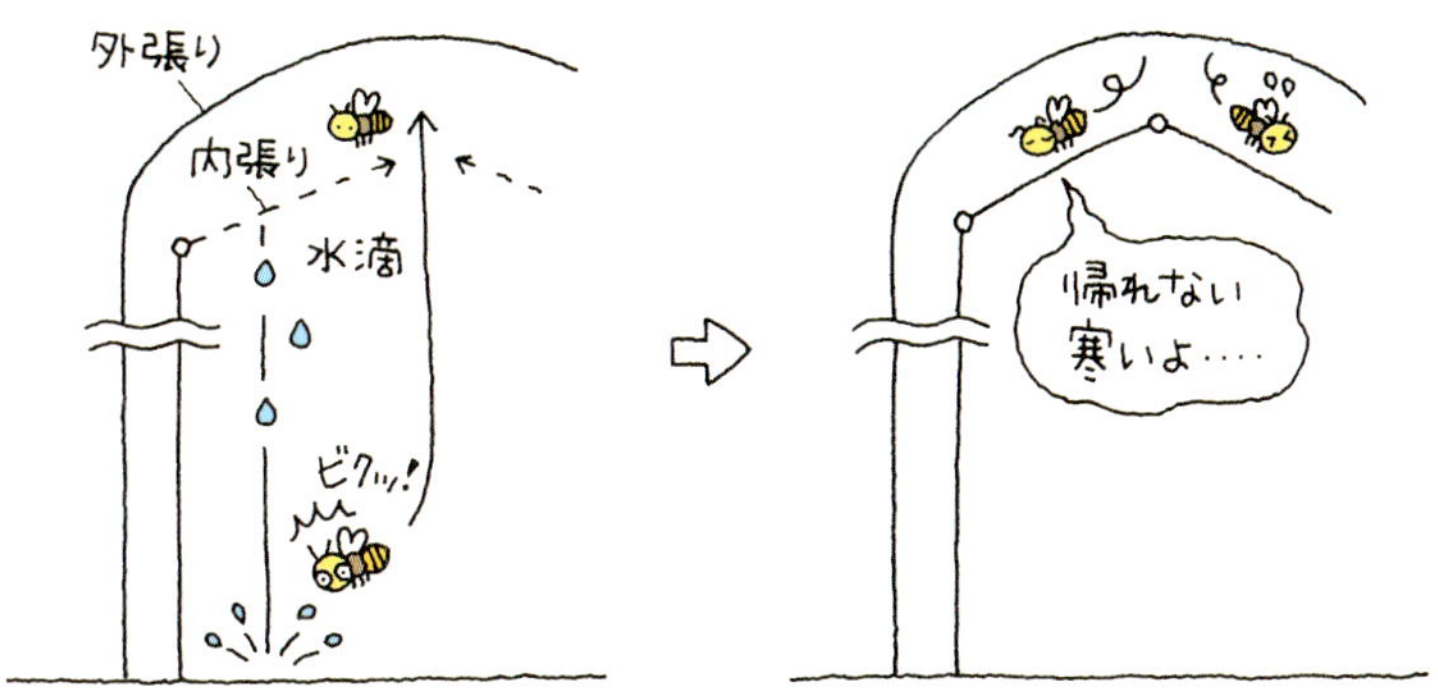

内張りが閉まるとき、露が水滴となって落ちる。驚いたハチは本能で上に逃げる。内張りが閉まると天井に閉じ込められて夜に凍死してしまう。このように死ぬケースが圧倒的に多い

図2　逃げ道をつくればちゃんと帰れる

内張りの真下に巣箱を置くと小さな隙間ができる。閉じ込められたハチは巣箱を目指してビニールを伝って滑るように降りていき確実に帰ることができる。隙間の近くのイチゴは生育が少し遅れるがハチが減る率は激減するので、結果的にはこのほうがよい

図3　巣箱はサイド換気と同じ高さに

ミツバチはビニールが見えない。外に出て巣に戻るとき障害物があると、帰れなくなる（左）。台などに載せ、サイドと同じ高さにする

交配バチを弱らせない農薬選び

ミツバチは農薬に弱い。人間には比較的安全性が高いとされるクスリでもミツバチにはやさしくなかったりするので厄介だ。交配バチになるべく長生きしてもらうためのクスリ選びに、これまで以上に気を使いたい。

「ミツバチへの影響」はメーカーが知っている

ミツバチに対する農薬の影響はクスリの袋やビンを見ても明記されていない。どこで調べたらいいのだろう。栃木県のイチゴ産地の技術リーダー・石川敏男さんの場合、各農薬メーカーから農薬ごとの詳しい「技術資料」を取り寄せる。新発売の農薬などは頼めばメーカーも情報をくれるそうだ。

また、県や農協がメーカーから聞き取り調査して作成した一覧表をもっているところもあるので、聞いてみるのも手だ。

どの資料にも「ミツバチに対する影響」は、農薬をかけたあと○日は巣箱をハウスの中には入れてはいけないという「影響日数」として書かれている。「五日」とあれば、薬剤散布後五日間は巣箱を外に出し、六日目に入れれば大丈夫というものだ。ただ、天候や環境で農薬の分解速度も変わるので、あくまでも目安の日数でしかない。

「影響日数二日まで」のクスリを使う

石川さんは、ハウスにハチを入れてから使うクスリは「影響日数が二日までのもの」と決めている。とちおとめは、開花後三日までに受粉しないと奇形果が出やすく、そんなに長くハチを外に出してはおけないからだ。

ただし混用すると、影響日数が少し長くなる可能性も考えたほうがいいという。一日のクスリを三種混ぜると、組み合わせによっては二日になってしまうこともあり得るということだ。

殺虫剤はIGR剤なら安心？ でもカスケードは影響が強い

殺虫剤の系統でいえば、ネオニコチノイド、ピレスロイド、有機リンはミツバチに与える影響が強いので、石川さんは基本的に使わない。

安心なのは脱皮阻害剤のIGR剤とBT剤。ただ、同じIGR剤でもカスケードだけはミツバチの幼虫に影響するらしく、散布したら四日くらいは外に出しておいたほうがいい。IGR剤ならアタブロンのほうが使いやすいというのが石川さんの意見。

殺菌剤は影響日数が少ないが…

殺菌剤の影響日数は、ほとんどが「一日」となっている。殺虫剤に比べると影響は少ないようだが、石川さんがミツバチをレンタルしている養蜂家の話では、「殺菌剤も影響は出るので、実際の表示日数の二倍は見たほうが安心」とのこと。

気をつけたいクスリも二剤ある。ウドンコ病などが出たときに使うポリオキシンAL乳剤は影響日数が「五日」、モレスタン水和剤は「三～九日」。ほかの殺菌剤に比べて影響日数が長い。モレスタンは虫にも結構効くので当然警戒が必要だし、ポリオキシンAL剤は石川さんも使うが、ハチがいない育苗中に限定しているという。

また、ハウスの状態によっても残効は変わる。とくに透過率の悪いビ

ミツバチに影響が強いと思われる殺虫剤（イチゴ）

薬剤名	影響日数	ハダニ	ハスモンヨトウ	アブラムシ類	コガネムシ類	スリップス類	系統
ガゼット粒剤	35日			○	○		カーバメイト
ラービンフロアブル	7日		○				
アクタラ粒剤5	21日			○			ネオニコチノイド
アドマイヤー1粒剤	30日			○			
スタークル／アルバリン粒剤	40日			○			
ベストガード水溶剤	6～10日			○			
アディオン乳剤	20～30日			○			ピレスロイド
ロディーくん煙顆粒	7～10日	○					
アーデント水和剤	3日	○		○		○	
マブリックジェット	3日	○		○			
コテツフロアブル	10日	○	○			○	ピロール系
カルホス乳剤	14日						有機リン
マラソン乳剤	7～10日	○		○		○	
ディアナSC	3日		○			○	スピノシン
サンマイトフロアブル	4日	○					ピリダベン

「影響日数」が3日以上ある薬剤

※粒剤は定植時などに施用するものが多く、ミツバチを導入する10～11月頃までには影響がなくなっているのが普通である

ニールでは残効が極端に長くなることもあるそうだ。農薬成分は主に光（紫外線）と水で分解されるからだ。

クスリのニオイ消しにリフレッシュと竹酢

　毒性はたいしたことのない農薬でも、ニオイが強いものはミツバチは苦手のようだ。影響日数が二日のクスリを使って三日目にハチを入れても、花に行かずに天井辺りでブンブンと異常な飛び方をすることがある。石川さんはそんなとき、粘土粉末資材のリフレッシュ（ソフトシリカ㈱）を使うという。粉のままベビーダスター（散粉機）で反当八〇〇gまくと、農薬のニオイや成分を固着してくれるので、ハチもその日のうちに花にとまりやすくなる。それでもダメな場合は、リフレッシュを水で一〇〇倍液にしてかけると効果が高まるそうだ。

　また、薬剤散布するときは展着剤代わりに竹酢を一〇〇倍にして混ぜる。散布した翌日、ハウスのなかに入ると竹酢の焦げたようなニオイがまだ残っているそうだが、農薬のニオイを中和してくれるのでハチにはそのほうがいいそうだ。

石灰防除はハチに影響しない！

　四四ページの大越望さんは炭そ病予防に「石灰防除」をしている。石灰はミツバチに影響しないのだろうか。大越さんはハチがいるときに消石灰の上澄み液を葉面散布しているが、ミツバチに異変が起きたり、花に寄り付かなくなることはなく、まったく問題ないそうだ。

　粉のまま散布する「石灰ふりかけ」はハチを入れてからはやったことがない（果実が汚れるので）そうだが、今のところ他の実践者からも「ハチに影響があった」という声は編集部には届いていない。（編）

＊二〇〇九年七月号「交配バチを弱らせない農薬選び」

ミツバチに影響の少ないと思われる殺虫剤（イチゴ）

薬剤名	影響日数	ハダニ	ハスモンヨトウ	アブラムシ類	コガネムシ類	スリップス類	系統
デルフィン顆粒水和剤	1日		○				BT
エスマルクＤＦ	1日						
アタブロン乳剤	1日		○			○	IGR
カスケード乳剤	1日		○			○	
カウンター乳剤	1日					○	
ノーモルト乳剤	1日		○				
ファルコンフロアブル	1日		○				
マッチ乳剤	1日		○			○	
マトリックフロアブル	1日		○				
ロムダンフロアブル	1日		○				
バロックフロアブル	1日	○					オキサゾリン系
スカイマイトくん煙剤	1日	○					
トルネードフロアブル	1日		○				オキサダイアジン系
シーマージェット	2日	○		○			混合剤
アカリタッチ乳剤	1日	○					脂肪酸エステル
スピノエース顆粒水和剤	2日					○	スピノシン
ダニサラバフロアブル	1日	○					その他
プレオフロアブル	1日		○				
スターマイト	1日	○					
マイトクリーン	1日	○					
バリアード顆粒水和剤	1日			○			ネオニコチノイド
モスピラン水溶剤	1日			○			
モスピランジェット	1日			○			
マイトコーネフロアブル	1日	○					ビフェナーゾール系
ピラニカEW	1日	○		○			ピラゾール系
チェス顆粒水和剤	1日			○			ピリジンアゾメチン系
ウララDF	1日			○			ピリジンカルボキサミド系
マブリック水和剤20	1日			○			ピレスロイド
除虫菊乳剤	1日			○			
アーデント水和剤	1日	○		○		○	
ダニトロンフロアブル	1日	○					フェノキシピラゾール系
マイトクリーン	1日	○					フェノキシエチルアミン系
アファーム乳剤	2日	○	○				マクロライド
アニキ乳剤	1日		○				
コロマイト水和剤	1日	○					
サンクリスタル乳剤	1日	○		○			脂肪酸グリセリド
テデオン乳剤	1日	○					有機硫黄
フェニックス顆粒水和剤	1日		○				ベンゼンジカルボキサミド系
プレバソンフロアブル５	1日		○				アントラニルアミド系
エコピタ液剤	1日	○		○			還元澱粉糖化物
オレート液材	1日			○			オレイン酸
スパイデックス	1日	○					天敵

「影響日数」が１～２日の薬剤

※表はＪＡ佐賀が平成25年８月に作成した資料を元に編集部がまとめたもの。
　農薬を使う場合は最新の登録内容を確認してください

果樹の受粉に 日本ミツバチ

リンゴの花を訪れた日本ミツバチ。足に大きな花粉ダンゴをつけている

冷春でもよく働く

岩手・井上美津男

西洋ミツバチよりもいい

約一〇年前からリンゴの受粉に日本ミツバチを使い、地元の共同防除組合の若いメンバーにも分蜂群を提供しています。彼らは日本ミツバチ研究会を立ち上げ、果樹農家のみならず野菜農家への日本ミツバチの普及に貢献しています。

今なぜ日本ミツバチなのか。私が感じる魅力は以下の通りです。

●お金がかからない

近年はミツバチ不足が続き、業者からの借り上げ料が以前の二倍くらいになっています。日本ミツバチを自分で捕まえて殖やせば、お金はかかりません。

●放飼中も摘花剤を使える

西洋ミツバチを借りると、放飼中は摘花剤を使用できないことになっています。効果的なタイミング（頂花の開花から約二四時間後）で摘花できず、困っていました。

自家バチであれば放飼中でも摘花剤を散布できます。もちろんハチへの影響はありません。作業効率を上げることができました。

●異常気象でもしっかり受粉

最近は異常気象が続き、「いっぺんに花が咲いて人工受粉が間に合わない」「西洋ミツバチが低温で飛ばない」などの現象があります。でも日本ミツバチは気温七度くらいからでも活動し、雨が降っても風が吹いても日が暮れるまで飛びまわり、天候に関係なく受粉してくれます。

●果形がよい

西洋ミツバチは、花粉に触らずに蜜だけ器用に吸っていくことが多く見られます。それに比べて日本ミツバチは、かなりの割合の働きバチが花粉ダンゴをぶらさげて帰ってきます。受粉をしっかりしてくれるおかげか、日本ミツバチにしてから果形もよくなりました。

夏の蜜源に白クローバ

園地の下草の白クローバは、花の少ない夏には貴重な蜜源になります。昔は一〇日に一回は草刈りをしていましたが、日本ミツバチを飼い始めてからは、草刈り回数を年五〜六回と大幅に減らしました。その五〜六回も、白クローバはなるべく刈らずに残しておきます。これでミツバチの定住性もよくなりました。

クローバの花は途切れなく咲き続けますが、だんだん株が老化して花が減ってきます。老化株は草刈りの際に一緒に刈って再生させますが、園地全体をいっせいに刈らないことが大切です。三回程度に分けて刈ると、白クローバが絶えることなく咲き続けてくれます。

（岩手県滝沢市）

＊二〇一一年五月号「冷春にも強い！　リンゴの受粉は日本ミツバチがいいぞ」

筆者。リンゴ2.2haの経営。地元の日本ミツバチ研究会の顧問

巣箱は厚さ30㎜の板で手作り。冬の前、巣箱の重さが15kgあったので、ハチミツも働きバチも十分だと（保温も食料も問題ないと）判断して、そのまま放置。巣箱が軽ければ、寒さ対策で古い毛布などをかけ、貯蜜の消耗を抑える

三分咲き放飼で定着

山形県寒河江市・長坂莞爾さん

日本ミツバチが分蜂する五月中旬〜六月中旬、長坂莞爾さんは、サクランボ畑に置いていた巣箱を雑木林の頂上近くの木の下に移す。すると、ひとりでにハチが入って定着し、そのまま越冬。サクランボの開花時期になったら、巣箱をまた畑に戻す。

だが、日本ミツバチは「山のハチ」と呼ばれるくらい山が好きで、トチノキやニセアカシアの花の蜜を集めるために、畑から逃げてきやすい。

そこで長坂さん、巣箱を山から下ろすのを、サクランボの花が三分咲きになってからにしている。エサがたくさん用意されてからのほうが、畑で働きたい気分になってくれるようだ。 編

＊二〇〇九年七月号「日本ミツバチは三分咲き放飼で」

山に巣箱を置き、日本ミツバチを集める長坂さん。ハチの目印になるように、山頂の木の下に置くのがコツ。越冬できずに死んでしまうこともあるので、巣箱の板は2〜3cmと厚めにする（赤松富仁撮影）

早朝から働き者だ

愛媛県内子町・上岡道雄さん

上岡道雄さんのカキ園では、受粉不良で年々落果が目立つようになり、中には九割落果という悲惨な樹まで見られるようになった。ワラにもすがる思いで、まずは西洋ミツバチを導入。それから、地元の養蜂家のすすめで日本ミツバチも。

「観察してるとようわかるんですが、西洋ミツバチは朝十時からしか働かんのに、日本ミツバチは朝八時から働いとります。それから、曇りの日や寒い日なんかでも日本ミツバチはちゃんと働いとるんです」

年によって差はあるものの、収量はかなり安定してきた。 編

＊二〇〇九年七月号「日本ミツバチなら悪天候でもカキの着果率抜群」

上岡道雄さん。カキ3haの経営で、品種は「富有」がメイン。10aに1本の割合で受粉樹を植えている

ネオニコ系農薬は ミツバチにこれほど影響する

山田敏郎

夏、水田のカメムシ防除に使われるネオニコチノイド系農薬がミツバチに被害を及ぼすことがある。アメリカで報道されたことから広く知られるようになった「蜂群崩壊症候群」にも同系統の農薬が関わっているという説があるが、それを裏づける有力な実験結果が出た。

趣味の養蜂で被害に遭遇

多くのミツバチが巣箱に食料と蜂児を残して突然消え失せる蜂群崩壊症候群（CCD）が話題となっている。巣箱の近くでは死骸も発見されず、そこには女王バチとわずかな働きバチしか残っていない。一般に知られている分蜂や逃去といった蜂群の生理的現象とは明らかに異なる。CCDに対しては、農薬をはじめダニやウイルスなど様々な原因説が唱えられてきたが、いずれも決定的ではなかった。

養蜂を趣味としている私は、二〇〇九年初秋にCCDとよく似た現象に遭遇した。この時の状況から農薬を強く疑った私は、趣味で培ってきた養蜂技術を生かした野外実験により、CCDとネオニコチノイド（以下、ネオニコ）系農薬との因果関係を明らかにすべく、以下のような実験に取り組んだ。

二種類のネオニコ系農薬で濃度を変えて実験

二〇一〇年五月、実験用のミツバチを八群購入。増勢と蜂数や蜂児数の調整を図ったうえ、分蜂熱が収まってきた七月中旬に実験を開始した。

対象農薬には、日本で広く使われているネオニコ系農薬の一種、ジノテフラン（スタークルメイト）とクロチアニジン（ダントツ）を選定した。農薬濃度は、帯広畜産大学の角田先生らが発表している水田近くの水のクロチアニジン濃度が五ppmであるという情報や食品中の残留農薬基準値（図1）を参考に、欧州での実験濃度よりも高いが、日本の実態に合うように決定した。また、イネのカメムシを駆除するための農薬濃度を基準として、二種の農薬の実験濃度を決定した。

すなわち、カメムシ駆除濃度の一〇分の一の農薬濃度を「高濃度」（ジノテフラン一〇ppm、クロチアニジン四ppm）、五〇分の一を「中濃度」（ジノテフラン二ppm、クロチアニジン〇・八ppm）、一〇〇分の一を「低濃度」（ジノテフラン一ppm、クロチアニジン〇・四ppm）と定義した。「高濃度」の場合は、最初の一回だけに農薬を含有した糖液と花粉を投与し、それ以降は無農薬とした。「中濃度」および「低濃度」については、蜂群が消滅するまで農薬を投与し続けた。また、実験中の巣箱内外の状況を写真で詳しく記録するとともに、蜂数、蜂児数、死蜂数、農薬摂取量等を測定した。

どの濃度でもCCDに、そして全滅

その結果、すべての実験群はCCDの状態を経て、最終的には全滅した（図2）。また、蜂群が全滅するまでの農薬の消費量（図3）は、「中濃度」と「低濃度」の差はほとんどなく、「高濃度」の場合は「中濃度」および「低濃度」の場合の六五％程度であった。このことより、「高濃度」では主に急性毒性により蜂群が全滅し、「中、低濃度」では主に慢性毒性により全滅したと推定した。また、「中濃度」と「低濃度」の農薬消費量に差がないことから、これらの農薬はあまり代謝されずに、ミツバチの体内の組織と結びついて残るのではないかと推定した。

一方、これらの農薬が散布されて、水に溶けた状態で太陽光を浴びた場合を想定し、それらの熱および紫外線による分解状況を実験により測定した。今回、実験で使用したネオニコ系農薬は、有機リン系農薬に比べて極めて分解しにくいことが知られているが、その中でもジノテフランのほうがクロチアニジンよりも安定していることがわかった。

低濃度のネオニコ系農薬が原因ではないか

これらの実験結果から次のような結論を得た。

ジノテフランやクロチアニジン投与後、蜂群はすぐに縮小して、ついにはCCDの様相を呈した後、全滅した。女王バチは成蜂がほとんどいなくなるまで存在し、蜂児や食料は女王バチがいなくなった時点でも蜂群中に存在していた。スムシは蜂群が全滅した後もしばらくは存在しなかった。

これは、CCDはミステリアスとい

われているけれども、蜂群が全滅するまでの一場面にすぎないということを意味している。そして、これらのことは、ジノテフランやクロチアニジンのようなネオニコ系農薬の被害が、次のようなメカニズムで引き起こされるということを暗示している。

すなわち、農薬が散布された後、水田や果樹園の水で希釈されてその濃度が低くなるという想定をすると、外役バチによって運ばれた低濃度の農薬が、長期間にわたって蜂群に影響を及ぼし続けることによって、最終的には蜂群が崩壊したりあるいは越冬に失敗したりすることになる。たとえ蜂群が崩壊せず元気なように見えても、女王バチの産卵障害を引き起こしたり、免疫力が低下し、蜂群中にダニを蔓延させるようなことも起こり得る。

◆

殺虫能力が高く、極めて分解しにくく、植物の組織内に浸透して作用するネオニコ系農薬は、わずかな量で効力が持続する（半年から数年に及ぶ）ことから広く普及されてきた。だが農薬とは本来、散布後は速やかに分解、無毒化して、食品中には残留しないものではなかろうか。

ネオニコ系農薬は、神経に作用しエセ神経伝達物質として働き、極度の興奮状態を持続させて死に至らしめる殺虫剤である。ミツバチが即死する濃度の数倍から一〇倍以上もこれを含む食品（図1）が、人間にとって無害であるといえるのか。長期間にわたってミツバチが摂取し続けた場合、代謝しにくいのではないかという本実験の結果からは、たとえ残留濃度基準値以下であっても、人間にとっての慢性毒性が疑われてならない。

（金沢大学理工研究域自然システム学系）

＊二〇一三年六月号「ダントツ・スタークルはミツバチにこれほど影響する」

図1　クロチアニジンおよびジノテフランの食品中の残留濃度基準値例
（公益財団法人 日本食品化学研究振興財団　2013年3月15日改訂より）

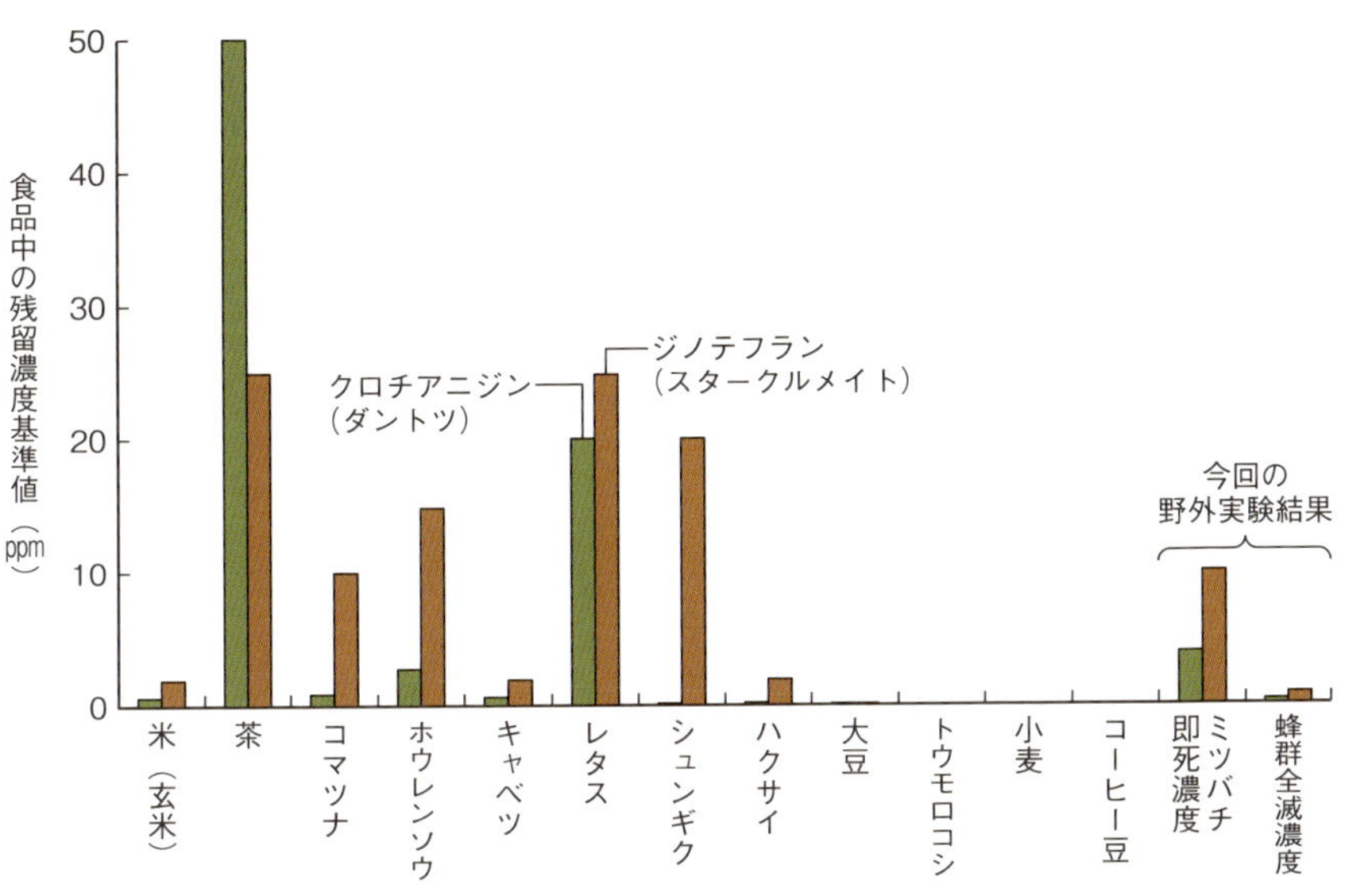

図2　成蜂数の経時変化

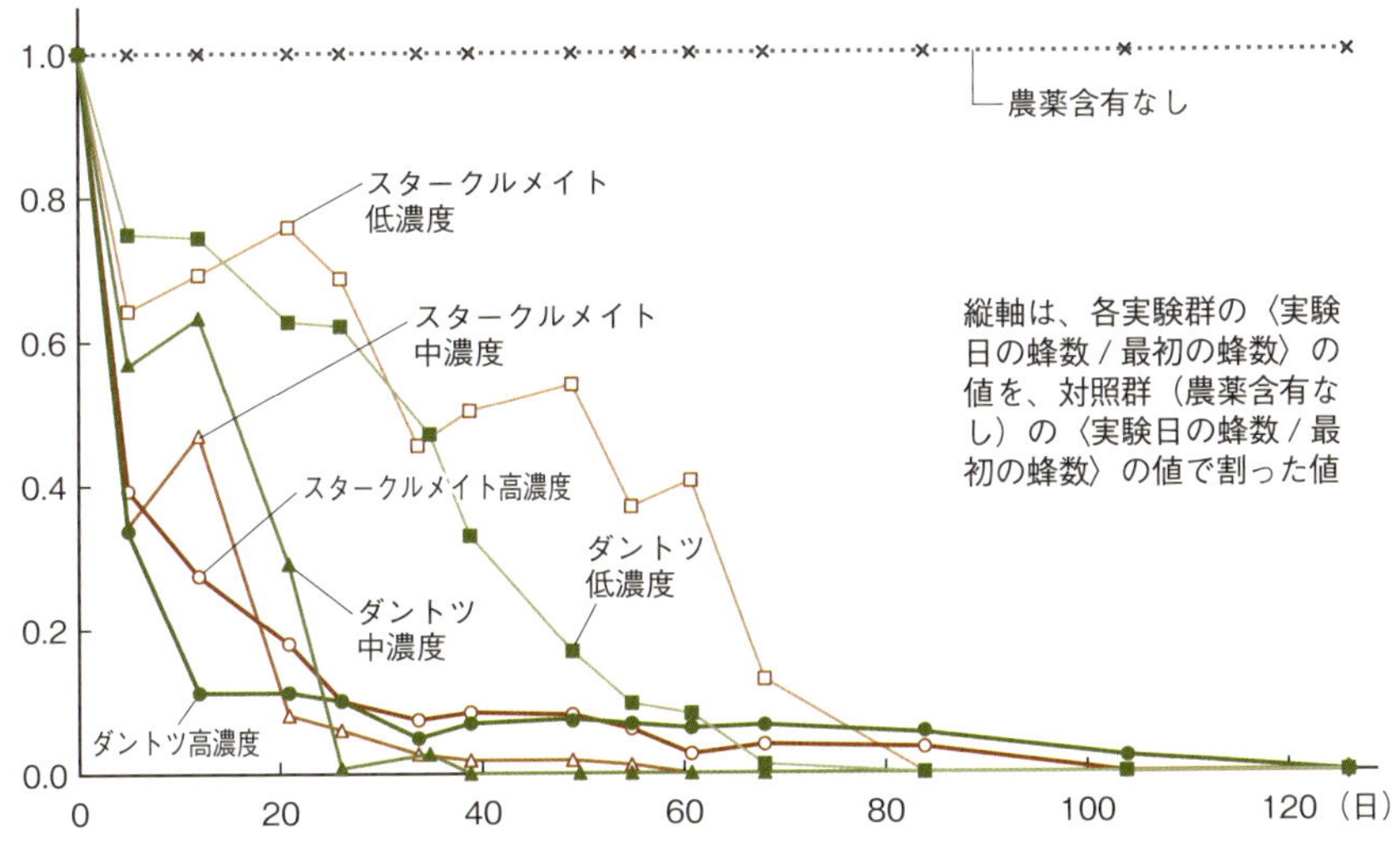

図3　蜂群が全滅するまでに摂取した有効成分に換算した農薬量（mg）

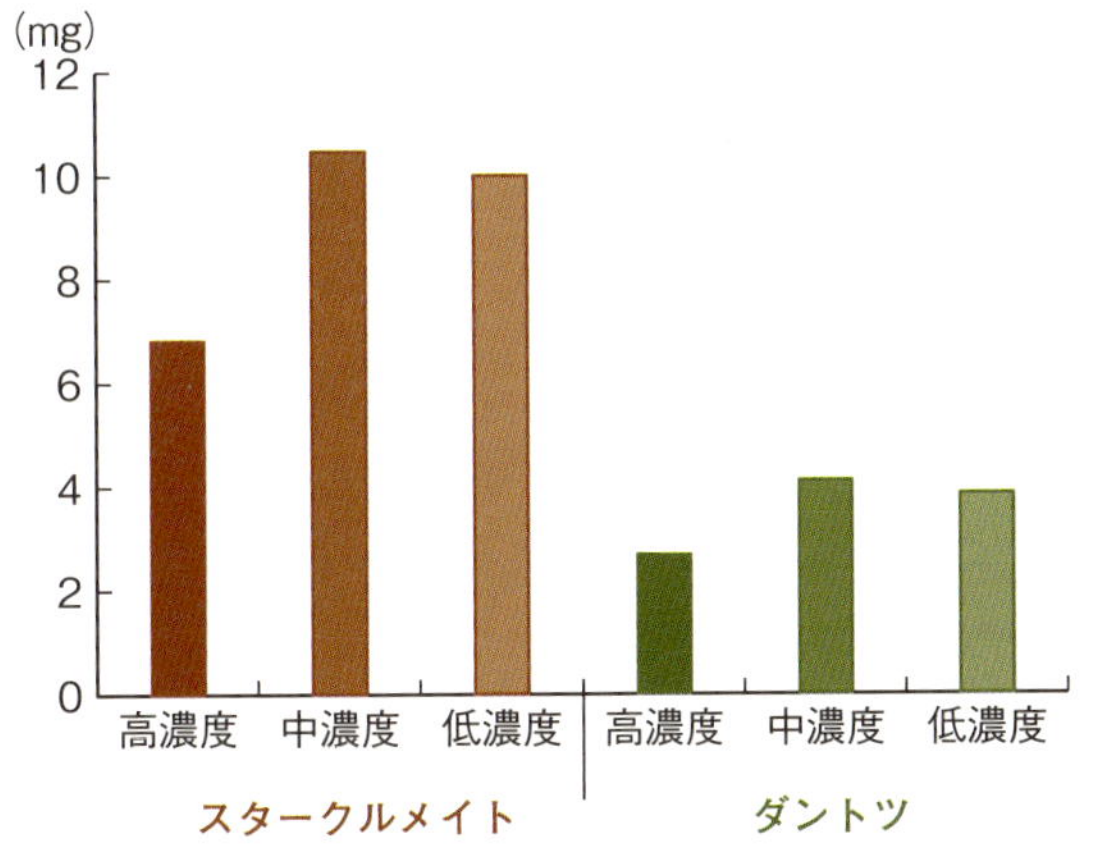

注）これらの研究の詳細は、http://www.alterna.co.jp/wordpress/wp-content/uploads/2013/01/ce9aaed3763b47af25313fecc8fe13a8.pdf の論文を参照

ハチのパワーで健康・美容

寝酒にどうぞ、夫婦円満まちがいなし！

ハチミツでミード

長野太郎

昔から滋養強壮の妙薬とされてきたハチミツ

ヨーロッパではミードを飲んで、子づくり

ミードはハチミツからつくる新婚時に飲む酒である。最近ではミードという言葉がネットの通販などで少し見られるようになったが、まだ日本ではあまりなじみのない言葉である。しかし、製法から見れば、一番原始的な酒である。ハチミツを水で薄めておけば、自然の酵母が酒にしてしまう。

かつてヨーロッパでは、新婦は一カ月間ミードをつくり、新郎に飲ませ、子づくりに励んだそうである。これが「蜜月」の語源になっているとのこと。

私がミードを知ったのは、ドブロクをつくりたくて買った農文協の『ドブロクをつくろう』『趣味の酒づくり』という本。それから自分でミツバチを飼うようになり、手づくりが好きな私はミードをつくってみることにした。

つくり方はいたって簡単。今回紹介するのは、最もベーシックなつくり方である。仕込

ハチミツを発酵させたミード

ミードのつくり方

材料

ハチミツ　300g
ドライイースト　小さじ1
お湯　1ℓ

❶ 1ℓ以上入る容器に1ℓの目盛り（印）をつけておく

❷ 空の❶の容器にハチミツを入れる

❸ ❷の1ℓの線までお湯を入れ、かき混ぜてハチミツを溶かす

❹ 人肌になるまで置いておき、イーストを入れてかき混ぜる

❺ フタは軽く閉め、そのまま置く（発酵するときに二酸化炭素が出るので、フタを強く閉めると、破裂する恐れがある）

❻ 夏なら4日ぐらい、冬でも1週間～10日でできあがり。自分のちょうどいい甘さ、おいしさになったら、静かに上澄みをビンに移して、冷蔵庫で保存（冷蔵庫の中でも発酵は少しずつ進むので、栓はしない）

ミード専用の容器を準備し、手や容器を十分洗い、清潔にしてからつくる

んでおくと、最初はただのハチミツ液だったのが、日に日にブクブクと発酵し、糖分がアルコールに変わる。だから三、四日目あたりから少し飲んでみて、甘口でアルコール度数の低いものが好きな人は早めに冷蔵庫に入れ、また辛口でアルコール度数の高いものが好きな人は長期発酵させればよい。

鼻血がだらだら出るほど強精

ハチミツは古来より滋養強壮の妙薬として用いられてきたものであり、多くの人が健康によいものとして認めている。ミードはそのハチミツでつくるので、健康によいのは当然。そのうえ酵母が各種の健康によい物質をつくり出し、その相乗効果で飲んだ際に強精作用として感じるのではないかと思う。よく強精作用の強いものを食べたときなどに鼻血が出るといわれているが、まさにミードを飲んでいると、朝方、鼻血がだらだらと出ることがあった。飲みすぎないことである。

また、男性も更年期障害になり、その症状は「疲れやすい」「不安感」「イライラ」で、うつ病とまちがえられやすい。男性ホルモンの減少が原因らしい。男性ホルモンは、高血圧や動脈硬化、糖尿病などの生活習慣病と密接な関係があることがわかってきた。減少すると、内臓脂肪がつきやすい身体になってメタボリックシンドロームになったり、うつ病、排尿障害、認知障害になるリスクが高まるといわれている。ミードを飲むと、男性ホルモンも増える。

飲む量は特に決まっていないが、個人差があるので、自分の体調に合わせて適量を決めることをおすすめする。

手づくりミードは酵母が生きているので、炭酸ガスがシュワーッとして飲みやすい。ただし、アルコール分はかなりあるので注意。

夫婦二人で夜飲むと、よいナイトキャップ（寝酒）に。お試しあれ！　夫婦円満まちがいなし!!

＊二〇〇九年七月号「ハチミツドリンクで滋養強壮　人類最古の酒ミード」

インフルエンザの予防にもなる

鹿児島次郎さん

「ハチミツドリンク、作ってみましたよ」というのは、鹿児島次郎さん。ミツバチは飼っていないので、買ったハチミツで実践。風邪かインフルエンザかなと思ったときに飲んだら、2～3日でよくなったと喜ぶ。

分量は記事どおりだが、発酵はコタツを利用。フタをゆるめた容器をコタツに入れっぱなしにするだけ。数日で泡立ってきて飲めるようになったそうだ。滋養強壮になるからと、飲む量は一回10ccまでと決めている。子どもなら100倍ほどに薄めるといいとのこと。

ミツバチの健康・美容パワー

ミツバチがつくりだす副産物は、古くから人間の暮らしに役立てられてきた。その健康・美容パワーをみてみよう。

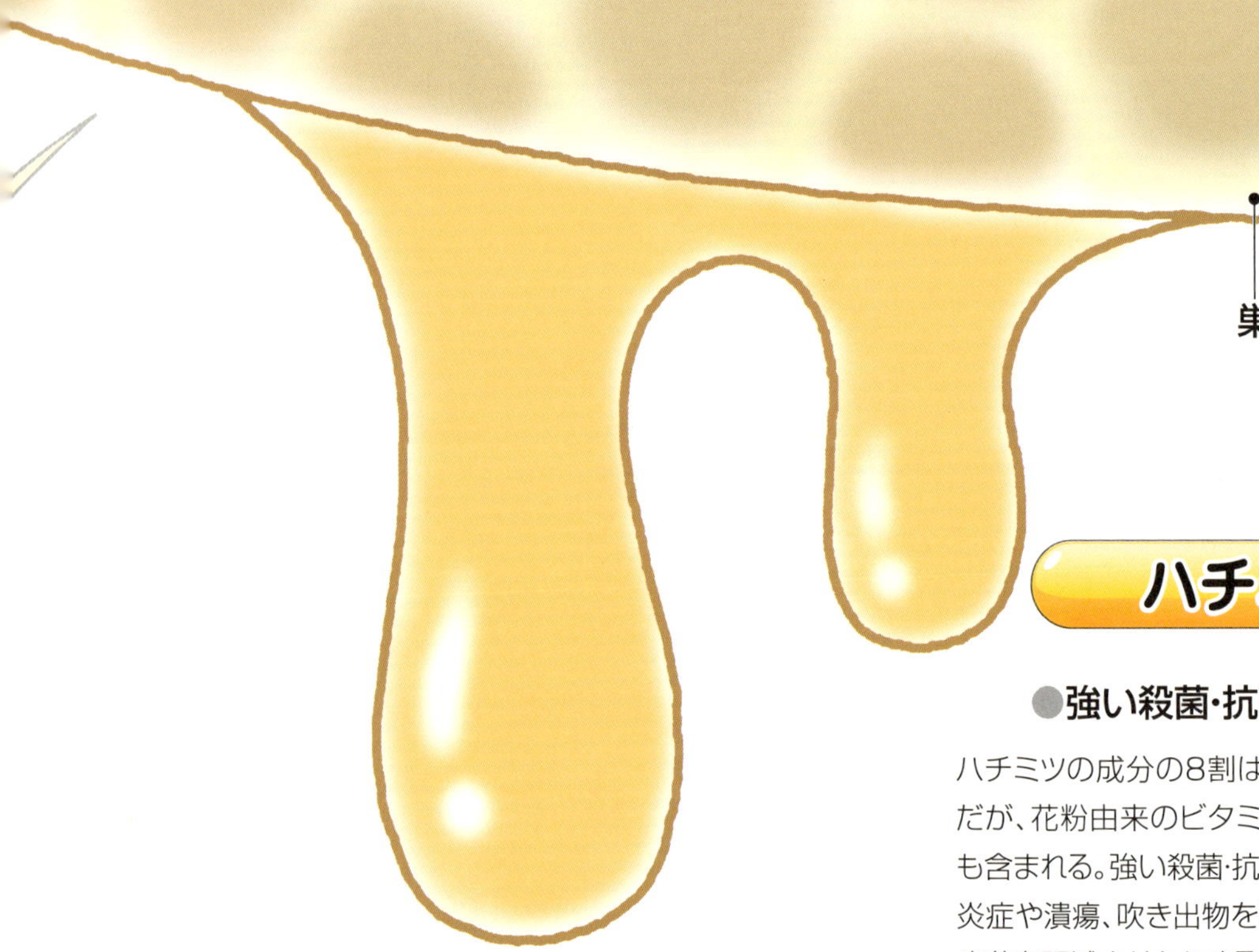

巣

ハチミツ

●強い殺菌・抗菌作用がある

ハチミツの成分の8割は糖分（果糖とブドウ糖）だが、花粉由来のビタミン、ミネラル、アミノ酸も含まれる。強い殺菌・抗菌作用があり、古くから炎症や潰瘍、吹き出物を治したり、チフス菌や赤痢菌を死滅させたりするともいわれている

口内炎もハチミツを塗ると治りやすくなる

のどの痛みやイガイガには、ハチミツを使った「ハチミツダイコン」を飲むという人も多い

●糖分やアミノ酸の保湿作用で美肌に

ハチミツの糖分は花の蜜のショ糖が分解された果糖とブドウ糖で、アミノ酸とともに保湿作用がある。世界3大美女の筆頭にあげられるエジプト女王のクレオパトラは、肌を美しくするためにハチミツを塗っていたという伝説も残っている

参考「山田養蜂場ホームページ」など

プロポリス

西洋ミツバチが外敵から巣を守るためにつくる抗菌物質。ミツバチが植物から採集した樹脂が主原料で、蜂ヤニとも呼ばれる。巣に塗って細菌が繁殖しないようにしている。古代エジプト時代には、ミイラの防腐剤にも使われてきた

ミツバチをねらうスズメバチ。焼酎漬けにして健康ドリンクにする人もいる

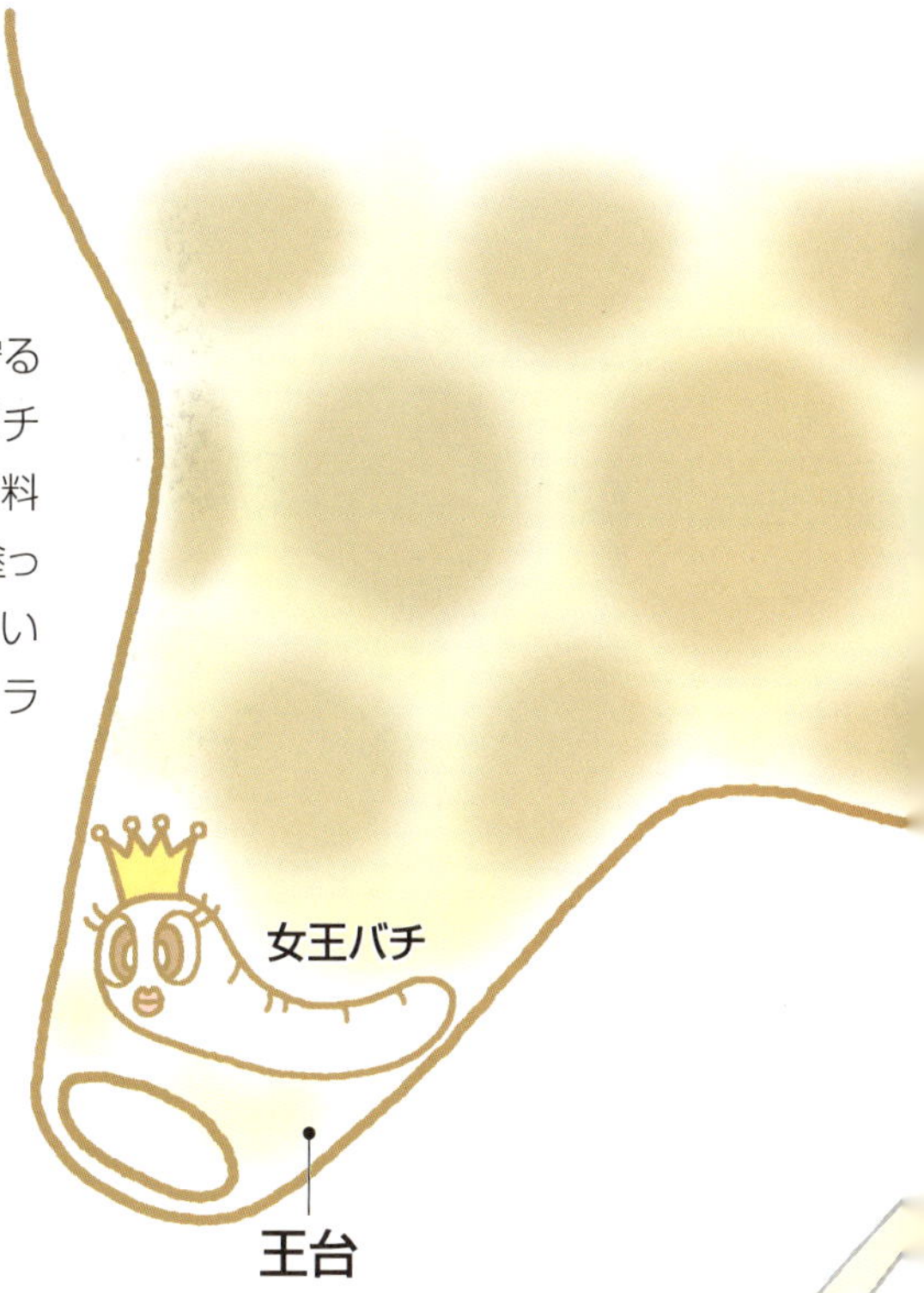

ローヤルゼリー

王台と呼ばれる特別室にいる女王バチに与えられる特別食。働きバチの体の中でハチミツと混ぜてつくられる。毎日1000～2000個もの卵を産み続ける女王バチの驚異的な生命力のもと

淡黄色～乳白色でクリーム状の液体。女王バチが生涯にわたって食べる唯一の食べものであることから「王乳」とも呼ばれている

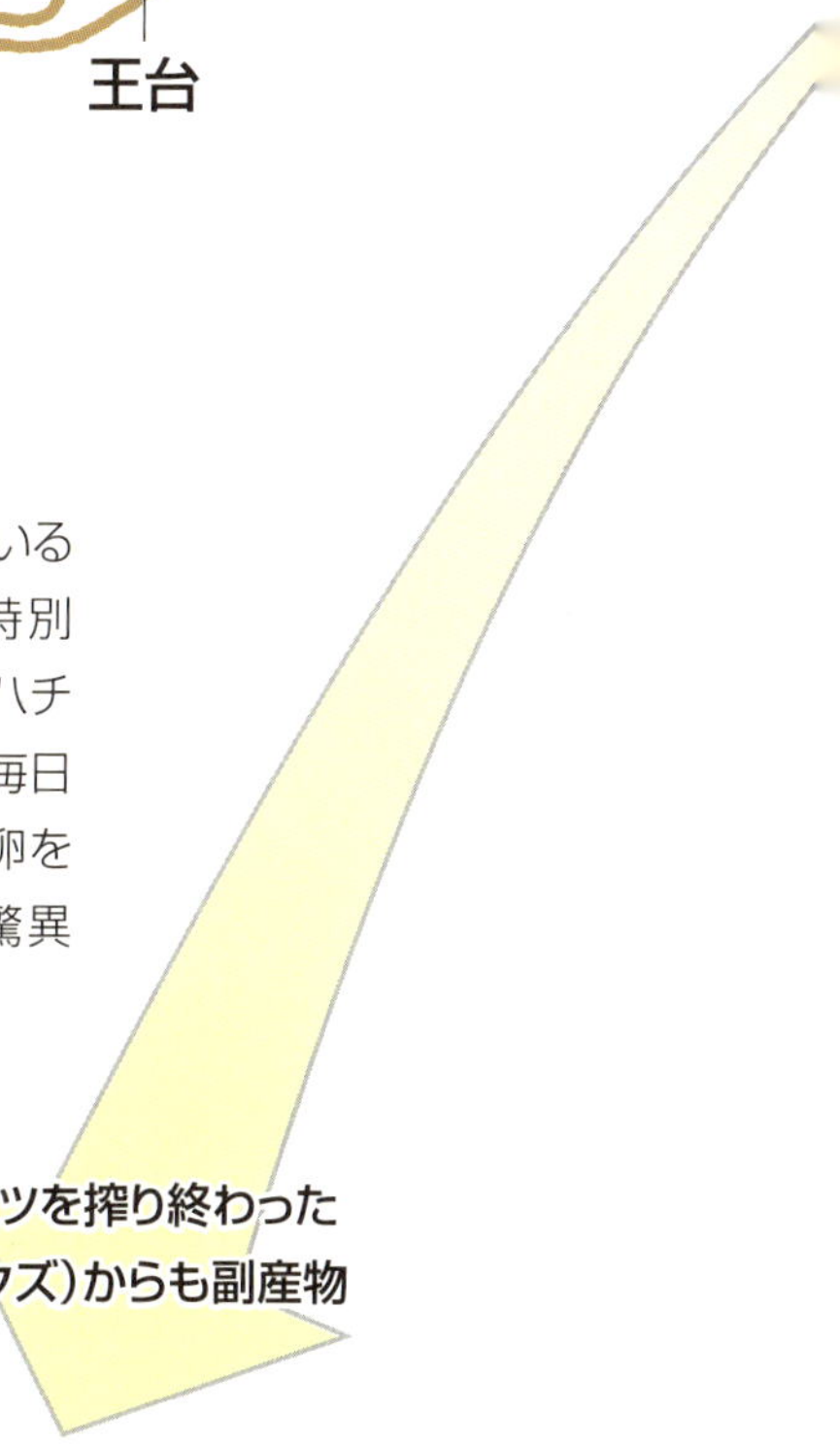

蜜ロウ

ミツバチの腹部から分泌される天然のロウ物質が蜜ロウ。これが巣の素材になっている

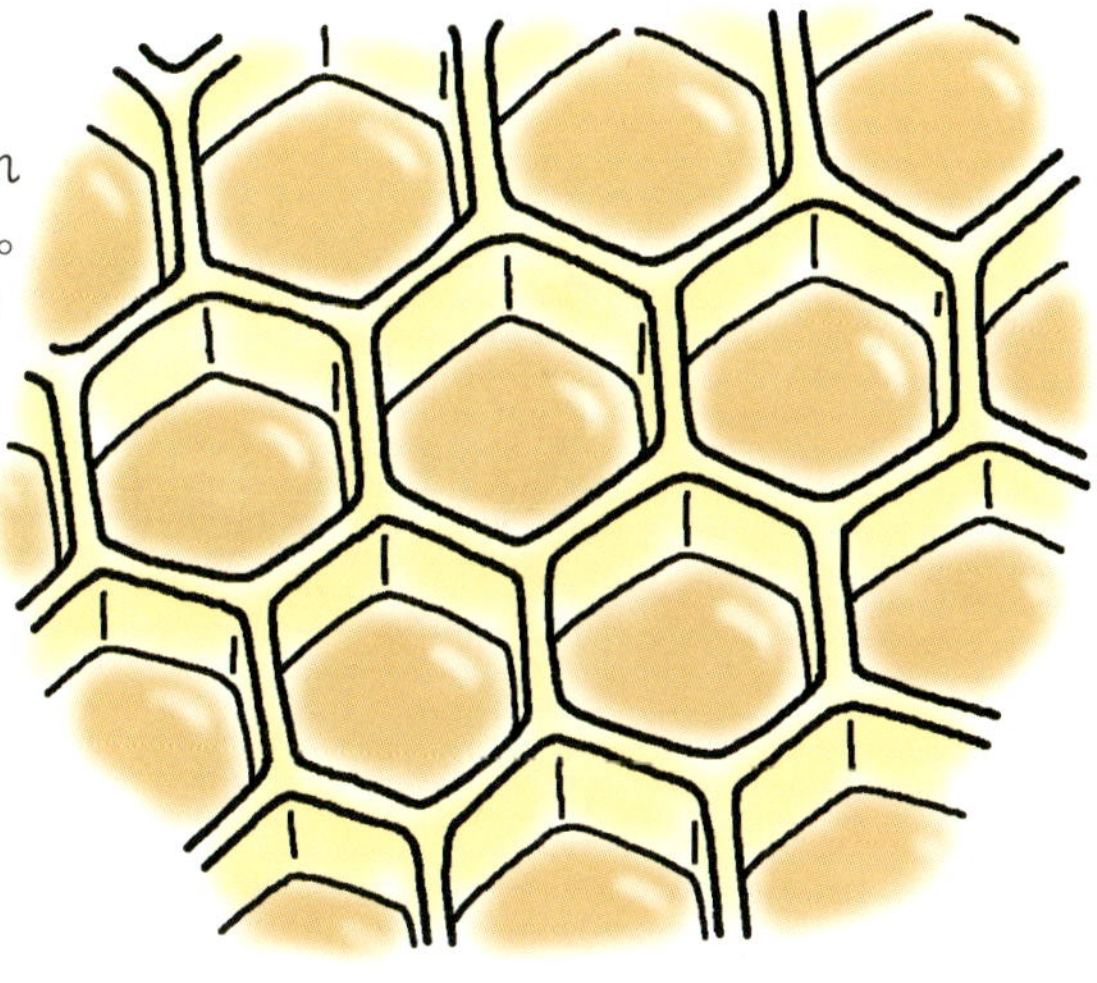

蜜ロウは保湿クリームや口紅などの化粧品の原料にも使われる

30分でできる！

あこがれの天然化粧品 巣クズから蜜ロウクリーム

DVDでもっとわかる

長野県諏訪市・岩波恵理子さん

蜜ロウクリームを見せる岩波恵理子さん。「か式巣箱」（30ページ）を開発した岩波金太郎さんの奥さん

蜜を採り終わったあとの巣クズ。巣クズ1kgから約200 gの蜜ロウが採れる

カサカサのかかともツルツルに

うっとり見とれてしまう艶やかな肌の岩波恵理子さん。秘密はお手製の蜜ロウクリームだ。「もう体中、どこにでも使います。カサカサのかかともツルツルになるんですよ。市販の保湿クリームとレベルが全然違うんです」と太鼓判。

蜜ロウは、ミツバチが巣をつくるときに分泌した天然のロウ物質。採蜜した後のミツバチの巣（巣クズ）からとれる。このロウの主成分のワックスエステルは人間の皮脂にもある成分で、肌になじみやすく保湿効果も高いことから、昔から高級化粧品やリップクリームの材料として使われてきた。

巣クズから蜜ロウを取り出すには普通、熱湯で溶かし出してザルで不純物を濾す。一度ではなかなかきれいにならないので、冷えて固まったらまた溶かして布で濾す。熱する、冷ますを何度もやるので時間がかかるのが難点だ。だが今回教わった恵理子さんのやり方だと、途中で冷まさず熱いまま一気に二段階濾せる。精製、クリームづくりを合わせても、たった三〇分でできてしまう。編

これが蜜ロウ。冷やして固めたもの

使う道具

台所にあるものでできる。さらしの袋は、コーヒー用ネルフィルターの枠などにはめておく

まずは蜜ロウを採る

大鍋に巣クズと同量のお湯を沸かし、細かく砕いた巣クズを入れる。巣クズが溶けたら大鍋を火からおろす。お湯を張った小鍋を火にかけておく

大鍋の表面に比重の軽い蜜ロウが浮いてくるので、濾し網で巣クズを沈め、お玉で油膜（蜜ロウ）をすくう

蜜ロウをさらしに注いでさらに濾し、小鍋に入れる。蜜ロウが固まらないようにお湯で温めながら一気に2段階濾すのがコツ

これが精製された蜜ロウ。色は花粉の色で変わる。お玉で蜜ロウをすくうときは、できるだけ下層のお湯（水泡）が混じらないように蜜ロウだけすくう

シリコンカップに10gずつ流し入れて固める

クリームづくりへ

硬い蜜ロウに水分や油分を加えて、軟らかくて肌に塗りやすいクリームに加工します

ホホバオイルは菜種油や椿油でもいい。サラダ油は酸化しやすいので不向き。ローズウォーターはミネラルウォーターでもいい。蜜ロウ10gで約80ccのクリームができる。品質劣化を防ぐため、1回につくるのは2～3カ月で使い切れる量にする

湯煎にかけたボウルで蜜ロウを溶かし、ローズウォーター、ホホバオイル、ホウ酸を加えよく混ぜる。ホウ酸は水と油を混ぜるための乳化剤

ボウルを冷水につけ、クリーム状になるまで素早く混ぜる。空気を含ませるように混ぜると滑らかな質感に仕上がる

エタノールで
消毒した容器に
クリームを入れて
完成！

※蜜ロウクリームは人によって
肌に合わない場合もある

DVDでもっとわかる

幼虫入りの巣から 蜂児酒

長野県諏訪市・岩波金太郎さん

採蜜のときに残しておいた幼虫入りの巣の部分。幼虫やサナギのほか、花粉やローヤルゼリーなど、体にいいものがいっぱい詰まっている

栄養のたっぷり詰まった蜂児酒。甘くておいしい

ハチミツを搾るとき、ミツバチの幼虫や蛹が入っていて、蜜の入っていない巣の部分は捨ててしまうことが多い。それを利用して「蜂児酒」なるものをつくっているのが、岩波金太郎さん。

この巣の部分には、ミツバチの幼虫やサナギのほか、花粉やローヤルゼリーなど、体にいいものがたくさん入っている。幼虫やサナギは体力増進効果や耳が遠くなるのを改善する効果があり、花粉は男性の前立腺に、ローヤルゼリーは女性の肌にいいともいわれている。 編

蜂児をつぶすとお酒がにごってしまうので、巣は大きめに裂いて容器に入れる

金太郎さんの仲間たちで蜂児酒を試飲。「なんか効きそうだね」「体が熱くなってきた」。毎日おちょこ1杯、寝る前に飲むといい

容器の口元までホワイトリカーを注ぐ。最低3カ月おけば飲める

ハチの針で膝痛を治す

蜂針療法

栃木県さくら市・鈴木治良さん

イラスト・ヨシダケン

民間療法のひとつにハチの針を使った「蜂針療法」がある。実践しているのは栃木県内で農業を営む鈴木治良さん。昭和49年、当時61歳の父親の高血圧症を治すために始めた。父親は96歳になった今も元気でバイクにも乗っている

蜂針療法はハチの毒を利用して自然治癒力を爆発的に高めさまざまな症状を改善していきます

治療歴35年の鈴木治良さん

広い敷地に自ら建てた治療室兼書斎。玄関の横には「日本養蜂はちみつ協会」の看板がある

治療に使用するのはセイヨウミツバチのメス。針から出てくる液にはメリチン、ホスホルバーゼアパミン、ヒスタミンなど天然の抗生物質が含まれている

膝痛の治療

膝に水が溜まる人がいるが水を抜くのは一時的な治療。蜂針療法なら根本から治すことも可能

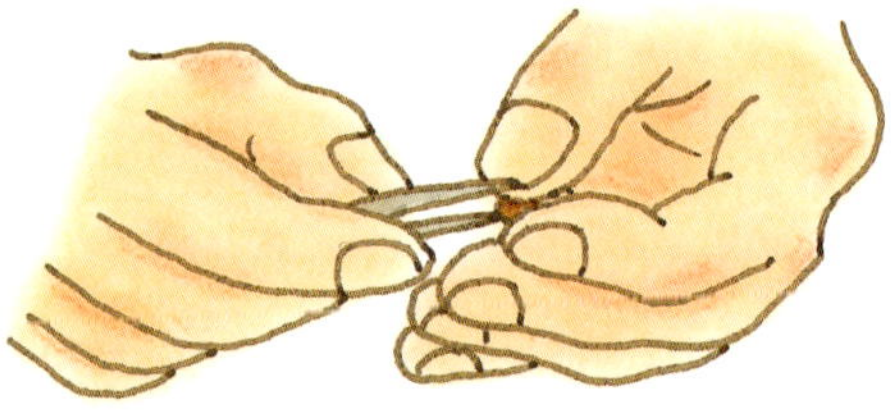

1本の針で刺せるのは5カ所まで。使用する分のハチを巣箱から小型のケースに移しておく。ケースからハチを取り出したらピンセットで針を尻から抜く

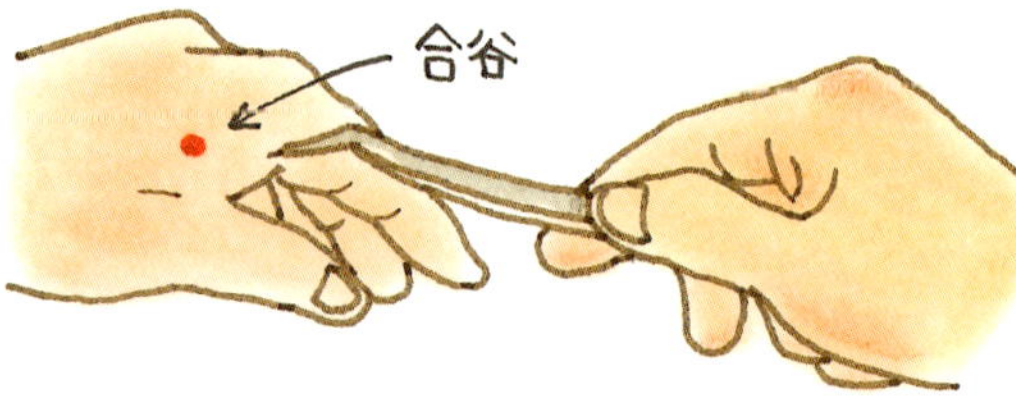
合谷

アレルギー反応を見るために初めての人には手の「合谷」のツボ付近に浅く刺してみる。ピリッとするが5～10分経過してとくに異常がなければ問題はない

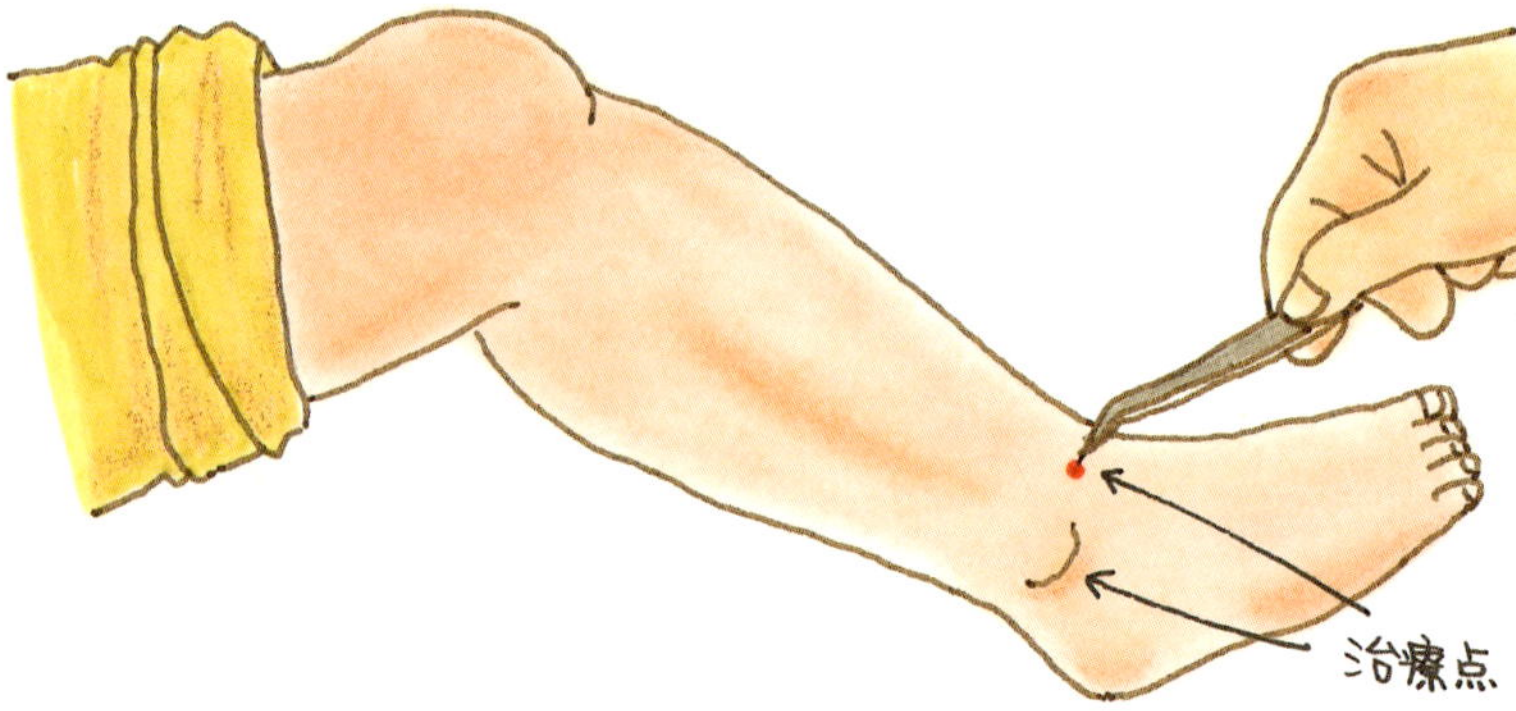
治療点

膝の腫れや痛みはかつての足首の捻挫や老化が原因。膝の痛い人の足首はリンパ液が停滞してくるぶしが見えにくくなっている。足首と膝の経絡（ツボの道筋）はつながっているので、治療点は内くるぶしと外くるぶしの中間のツボ（図）と足首のむくんでいるところ。ここに浅く刺す。

★ツボの位置は正確でなくてもいい。針から出る成分は巡るので、半径１寸（約3㎝）の範囲なら効果に変わりはない。

★血管には絶対に刺さないように注意する。

＊2009年7月号「膝の痛み編　蜂針療法」

外敵スズメバチで健康ドリンク

疲労回復、高血圧改善、ハチ刺されに
オオスズメバチの焼酎漬け

岐阜・安積 保

オオスズメバチは焼酎漬けにすると、体内に持っている200種類以上のエキス（アミノ酸）が焼酎の中で溶け出すそうです。飼っているミツバチに偵察に来たスズメバチを虫網で捕って、焼酎を入れておいた広口ビンに入れるだけで一丁あがり。冷暗所に置き、3カ月経てば飲用できるが、1年以上したら飲みやすくなりました。毎日10cc飲み続けると疲労回復、高血圧に改善効果がある。私はこのエキスを綿棒につけて、虫刺されの患部を冷やすのに使用しています。ミツバチに刺されたときに塗ると、かゆみがやわらぎます。

（岐阜県各務原市）

＊2009年7月号「憎き外敵、スズメバチの健康・強壮効果を飲んでやろう」

ぐっすり眠れて疲労回復に
女王バチのハチミツ漬け

愛媛県内子町・徳永進さん

オオスズメバチの女王バチを生きたままハチミツ漬けにしたもの。コーヒーや紅茶、焼酎などに2、3滴垂らして飲めば、ぐっすり眠れて疲労回復にいいとか。1本（150g）1000円。内子町道の駅「からり」かインターネットで販売。発送は10本11000円（税込み）。問い合わせは徳永養蜂場（64ページ）

編

＊2009年7月号「女王バチのハチミツ漬け」

いいとこ取り健康ドリンク
ローヤルゼリー＋プロポリス入り焼酎漬け

群馬県伊勢原市・高橋喜弘さん

高橋さんの健康ドリンクはキイロスズメバチに加えて、ミツバチのローヤルゼリーとプロポリス入り。スズメバチの分泌液（アミノ酸）はマラソンランナーの特製ドリンクにも使われるほどの栄養剤。ローヤルゼリーは女王バチのいる王台に含まれ、ビタミンやミネラル、アミノ酸が豊富。プロポリスは巣門周辺や空気の入るところに目張りするように付着していて、抗菌作用をもつ。これらを35度の焼酎に漬け込んだ、いいとこ取りドリンクだ。高橋さんは毎晩お酒に、家族はお茶やコーヒーに5～10滴入れて飲んでいる。

編

巣箱・道具販売、ミツバチ団体等の問い合わせ先一覧

巣箱、養蜂器具、種バチ等を販売しているところ

名　称	連絡先	販売品目
藤原養蜂場 （藤原誠太さん）	〒020-0886 岩手県盛岡市若園町3-10 TEL：019-624-3001　FAX：019-624-3118	現代式縦型巣箱、ラ式巣箱、重箱式巣箱、各種養蜂器具
日本蜜蜂協会 （山下良仁さん）	〒960-0804　福島県伊達市霊山町大石字小坂63-5 TEL・FAX：024-529-1387　携帯090-9435-7709	縦型巣箱（山ちゃん巣箱）、蜜濾し器、蜜刀、分蜂群の蜂球捕獲器など
有限会社 間室養蜂場	355-0134　埼玉県比企郡吉見町大串1257-3 TEL：0493-54-2381　FAX：0493-54-0093	交配用西洋ミツバチ、ラ式巣箱、養蜂器具
熊谷養蜂 株式会社	〒369-1241　埼玉県深谷市武蔵野2279-1 TEL：048-584-1183　FAX：048-584-1731	種バチ、ラ式巣箱、日本ミツバチ用巣枠式巣箱（縦型）、養蜂器具
神洲八味屋 （岩波金太郎さん）	〒392-0015　長野県諏訪市中洲5141 TEL：0266-58-6337　FAX：0266-78-1337	か式巣箱
株式会社 渡辺養蜂場	〒500-8453　岐阜市加納鉄砲町2-43 TEL：058-271-0131　FAX：058-274-6806	ラ式巣箱、養蜂器具
株式会社 秋田屋本店	〒500-8486　岐阜市加納城南通1-18（養蜂部） TEL：058-272-1311　FAX：058-272-1103	交配用西洋ミツバチ、種バチ、ラ式巣箱、重箱式巣箱、日本ミツバチ用巣枠式巣箱（縦型）、養蜂器具（KY式便利巣門など）
アピ株式会社	〒500-8558　岐阜市加納桜田町1-1（養蜂部） TEL：058-274-1138　FAX：058-274-3218	交配用西洋ミツバチ、養蜂器具
有限会社 フルサワ蜂産	〒500-8402　岐阜市竜田町3-3 TEL：058-263-3783　FAX：058-263-3968	種バチ、ラ式巣箱、重箱式巣箱、養蜂器具
株式会社 養蜂研究所 （井上養蜂）	〒463-0010　愛知県名古屋市守山区翠松園1-2011 TEL：052-793-1183　FAX：052-792-2025	交配用西洋ミツバチ、種バチ、女王バチ、養蜂器具
有限会社 俵養蜂場	〒658-0041　兵庫県神戸市東灘区住吉南町3-3-18 TEL：078-854-0238　FAX：078-854-0197 ビーラボクリニック併設（ミツバチ専門診療、病害虫相談）	交配用西洋ミツバチ、カーニオラン種女王バチ、B401（スムシ対策の生物農薬）、ラ式巣箱、養蜂器具他
徳永養蜂場 （徳永進さん）	〒791-3506　愛媛県喜多郡内子町南山1294 TEL：0892-52-2383　FAX：0892-52-2386	徳永式待ち箱巣箱、日本ミツバチ入り巣箱
明石オーキッドナーセリー	〒782-0079　高知県香美市土佐山田町佐野1250-1-2 TEL：090-1570-8584　akashi@ran.name	日本ミツバチ分蜂群誘引ラン（ミスムフェット、ハニービー）

誰でも参加可能なミツバチ関連の全国団体、講習会

名　称	活動内容	問い合わせ先
日本在来種みつばちの会	会長は藤原誠太氏。会員数約1800人。最新技術の公開や全国での研修会も盛ん。会報を年４回発行。年会費3500円	TEL：019-624-3001 （藤原養蜂場内）
玉川大学ミツバチ科学研究センター	毎年１月、玉川大学（東京都）でミツバチ科学研究会開催	FAX：042-739-8338 （ミツバチ科学研究センター内）
信州日本みつばちの会	会長は富永朝和氏。会員数約400人。初心者向け講習会や毎年10月に「信州日本みつばち祭」を開催（長野県中川村）。通信を年２回発行。年会費3500円	TEL・FAX：0265-88-3220 （電話は平日８時半～ 12時半のみ）
日本みつばち講習会 in 諏訪	事務局は岩波金太郎氏。様々な講師を招く講習会を長野県諏訪市で不定期開催。講習会あり（参加費2000円前後）	TEL：0266-58-6337 （神洲八味屋内）

※ほとんどの会社・団体はホームページあり。手紙・FAXで問い合わせの場合は、名前、電話番号の記入を

現代農業 特選シリーズ　DVDでもっとわかる 8

飼うぞ　殖やすぞ　ミツバチ

2014年9月25日　第1刷発行
2022年2月25日　第7刷発行

編者　一般社団法人　農山漁村文化協会

発行所　一般社団法人　農山漁村文化協会
〒107-8668　東京都港区赤坂7丁目6-1
電話　03（3585）1142（営業）　03（3585）1146（編集）
FAX　03（3585）3668　　振替　00120-3-144478
URL　https://www.ruralnet.or.jp/

ISBN978-4-540-14169-0

DTP制作／㈱農文協プロダクション
印刷・製本／凸版印刷㈱